高职高专测绘类新型立体化规划教材
全国测绘地理信息类职业教育规划教材

数字地形测量实训

主　编　李宏超　郭学林

黄河水利出版社
·郑州·

内容提要

本书采用基于工作过程的项目引领、任务驱动的模式编写，以数字地形测量工作流程为主线，完整地体现了从零开始，直至完成地形图测绘，并最终进行验收与提交资料的全部工作过程，过程中的各分步环节均有相应的任务对应。本书共分5个项目及4个附件，其中项目一高程控制测量，项目二平面控制测量，项目三地形图测绘，项目四数字地形图产品质量检查与验收，项目五大比例尺地形图综合实训。

本书可作为测绘类高、中等职业院校的数字地形测量课程的实训教材，也可供测绘地理信息行业技术人员、技能人员参考使用。

图书在版编目(CIP)数据

数字地形测量实训/李宏超，郭学林主编. —郑州：黄河水利出版社，2021.9　(2023.9　修订重印)

高职高专测绘类新型立体化规划教材　全国测绘地理信息类职业教育规划教材　活页式、立体化教材

ISBN 978-7-5509-3065-0

Ⅰ.①数…　Ⅱ.①李…　②郭…　Ⅲ.①数字技术-应用-地形测量-高等职业教育-教材　Ⅳ.①P217-39

中国版本图书馆CIP数据核字(2021)第159076号

策划编辑：陶金志　电话：0371-66025273　E-mail：838739632@qq.com

出 版 社：黄河水利出版社　网址：www.yrcp.com

地址：河南省郑州市顺河路黄委会综合楼14层　邮政编码：450003

发行单位：黄河水利出版社

发行部电话：0371-66026940、66020550、66028024、66022620(传真)

E-mail：hhslcbs@126.com

承印单位：河南匠心印刷有限公司

开本：787 mm×1 092 mm　1/16

印张：15

字数：346千字

版次：2021年9月第1版　印次：2023年9月第2次印刷

定价：59.00元

前　言

本书是《数字地形测量》《测量学》《基础测量》等相关课程的配套实训教材，可供测绘地理信息行业技术人员、技能人员或有关院校师生参考使用。本书涉及面广，内容翔实，结构合理，通俗易懂，统筹考虑了理论知识和生产实践的关系，注重理论与实际相联系，力求实现知识和技能相统一。本书依据最新的行业技术标准和规范，引入生产实例，并融入许多新技术和新方法，注重实际操作能力培养，具有较强的实用性和指导性；同时本书设置思政小课堂环节，依据思政案例在思想政治方面对学生进行教育，满足了学生在适应社会、建立情感、克服困境等方面的生存需要以及智力、思想政治、品德素质等方面的精神发展需要，向学生传承了热爱祖国、忠诚事业、艰苦奋斗、无私奉献的测绘精神。

本书基于工作流程系统化，以工作任务构建课程纲要，以工作流程组织实训内容，以实际的大比例尺地形图测绘为主线，以各个环节为载体，结合认知规律，从简单到复杂，循序渐进地进行了课程构建。通过学习可以使学习者掌握数字地形测量工作的基本理论知识及基本技能，培养其分析问题和解决问题的能力，形成良好的学习习惯，具备优良的职业素养，为今后深层次学习、解决实际生产问题及职业生涯的可持续发展奠定良好的基础。

本书共分为5个项目，项目一高程控制测量，项目二平面控制测量，项目三地形图测绘，项目四数字地形图产品质量检查与验收，项目五大比例尺地形图综合实训。前4个实训项目主要用于课间实训教学，第5个综合实训项目主要用于课程综合实训教学，为方便读者预习复习，全书共录制了46个教学视频。每个项目包含若干任务，每个任务包含目的与要求、实训准备、步骤与方法、注意事项、实训成果和成绩考核6个内容，通过学生参与、教师指导、成果创造、反思评价等教育技术手段，促进学生对知识和技能的掌握。另外，附有附件1数字地形测量实训成果，附件2南方测绘CASS9.1图形编辑所用命令快捷键，附件3 1:500数字地形测量实训总结(模板)，附件4地形图图廓整饰示例。

为了不断提高教材质量，编者于2023年8月，根据近年来国家及行业最新颁布的规范、标准、规定等，以及在教学实践中发现的问题和错误，对全书进行了修订完善。本书由河南测绘职业学院教务处组织编审，由李宏超、郭学林担任主编，王大伟、宋岭、黄静静、赵思佳、马倩倩担任副主编，侯方国、周荣负责全书统稿。在本书编写过程中，得到了郭增长教授、王春祥副教授、朱文军副教授等多位专家教授的大力指导，并得到了河南测绘职业学院教务处、国土信息与管理系、测绘工程系、空间信息工程系和遥感工程系的大力支持和帮助，在此，对给予指导的专家表示感谢！对黄河水利出版社为本教材顺利出版给予的大力支持表示感谢！

由于编者水平有限，书中难免会有错漏和不足之处，恳请广大读者提出宝贵的意见和建议，以便今后加以修订和完善。

编　者

2023年8月

目 录

实训须知

数字地形测量实训课可培养学生的实际操作能力、加深对课程内容的理解,是理论联系实际、加强基本技能的有效措施。实训课重点是培养学生的专业操作技能,与理论教学环节有着密切的联系。

本部分内容主要包括实训规定、领借仪器、仪器的使用与维护、记录字体及有关规定和机房实训须知等。通过本部分的学习使大家了解数字地形测量实训的一些基本要求及注意事项,养成爱护公共财产、团结协作、严谨求实的职业精神。

【实训规定】

(1)每次实训内容,在教学计划中均有安排,教师应事先通知学生,学生应在实训前做好预习,参考教材相应内容及本书,弄清实训目的、要求、方法、步骤及有关注意事项。

(2)每次实训前,应先到现场(或仪器室或机房)集合。教师进行简单布置后,学生可按要求领取仪器器材,仪器领取完毕,教师应按实训内容,统一给学生讲解本次实训的内容、目的、方法、步骤、要求及有关注意事项,然后由学生按要求进行实训。

(3)实训结束后,学生应及时将实训报告提交给指导教师。经指导教师看过记录或了解实训情况并同意后方可结束实训,交还仪器或离开机房。

(4)在规定时间内没有完成规定实训项目的,自行安排课外时间补做,直到完成任务。实训成果如有较大错误,教师可视情况决定返工或补做某些项目。

(5)学生不得无故不参加实训。根据学籍管理有关规定,若有1/3实训项目没有参加,本课程成绩按不及格处理。

【领借仪器】

(1)每次实训所需要的仪器器材,均已在本实训指导书上载明。学生应以实训小组为单位,按实训教师指定的时间到仪器室领借。

(2)领借仪器时,学生应按组号依次进入仪器室,在指定地点凭学生证领取,并当面清点仪器器材数量及完好情况。如发现问题,应当面将情况报告管理人员处理。

(3)实训过程中,仪器器材应妥善保管。组长负责检查和清点仪器器材。如有遗失或损坏,应及时向指导教师或管理人员报告。学校将根据具体情况,按有关规定处理。

(4)实训过程中,如发现仪器器材有问题,应及时将有关问题填写在“仪器使用记录”中,并报告仪器管理人员。

(5)实训结束后,应及时按规定填写“仪器使用记录”并将仪器器材交还仪器室。待管理人员当面验收后,将学生证退还本人。

【仪器的使用与维护】

测量仪器属于精密贵重仪器,是完成教学和测绘任务必不可少的工具。正确使用和维护测量仪器,对保证教学进度、提高测量精度和工作效率、防止仪器损坏、延长仪器使用年限有着重要的作用。损坏或丢失器材,不仅造成国家财产和个人经济上的损失,而且会影响教学和测量工作的正常进行。因此,注意正常使用和爱护仪器,是每个测绘工作者的美德。下面介绍本课程涉及的有关仪器的使用和维护常识。

一、仪器使用要求

(一)检查仪器

领借到仪器后,要按以下项目检查仪器:

(1)箱盖是否关妥、锁好。

(2)背带、提手是否结实牢固。

(3)三脚架与仪器是否配套,三脚架各部件是否完好,其他器材和附件是否齐全。

(二)打开仪器箱时的注意事项

(1)仪器箱应平放在地面上或平台上才能开箱,不要托在手上或抱在怀里开箱,以免将仪器损坏。

(2)开箱后未取出仪器前,要注意仪器在箱内的安放位置与方向,以免用完装箱时,因安放位置不正确而损坏仪器。

(三)自箱内取出仪器时的注意事项

不论何种仪器,在取出前应先放松制动螺旋,然后取出仪器。否则,在取出仪器时,会因强行扭转而损坏制动、微动装置,甚至损坏轴承。

(四)架设仪器时的注意事项

(1)伸缩式脚架三条脚抽出后,要把螺旋拧紧(要适可而止,不要用力过猛,以免螺旋滑丝),防止因螺旋未拧紧造成架腿自动收缩而摔坏仪器。

(2)安置脚架时,三脚架腿分开的跨度要适中,太靠拢容易被碰倒,太分开又容易滑开,都易造成事故。若在斜坡地面上架设仪器,应使两条架腿在坡下(可稍长些),另一条架腿在坡上;如在光滑地面(如水泥地、柏油路)上架设仪器要采取安全措施,可用细绳把三脚架稳住,以防止脚架滑动,摔坏仪器。

(3)三脚架安放稳妥并将仪器放到三脚架头上后,应立即拧紧仪器与三脚架间的中心连接螺旋,防止因忘记拧连接螺旋或拧得不紧而摔坏仪器。

(五)仪器在使用过程中的注意事项

(1)防止烈日暴晒和雨淋,使用时应持伞保护。

(2)只要安置好仪器,在任何时候,仪器旁边必须有人守护,以免丢失或行人、车辆、牲畜等碰坏仪器。

(3)如遇物镜、目镜表面蒙上水汽或灰尘,切勿用手、手帕或一般纸去擦,擦拭不当会产生擦痕,影响观测效果和使用寿命;揩拭镜头,应先以柔软洁净的毛刷扫去尘沙,再用特备的镜头纸揩拭。

(4)操作仪器时,只准一人动仪器,用力要均匀,动作要准确、轻捷,用力过大或动作太猛都会造成仪器损伤。

(5)在使用仪器前,应将脚螺旋、微动螺旋等放在中间部位,切勿扭至极端,如转不动更不准强行扭动。

(6)若发现仪器出现故障,应立即停止使用,并报告指导教师,查明原因并及时维修,不准仪器带病运用和私自拆卸仪器。

(7)仪器装箱前,要用软毛刷轻拂表面的尘土,盖好镜头盖,仪器箱内若有杂物,应及时清除干净。要放松各制动螺旋并转动三个脚螺旋于中间位置,将仪器放入箱内后,先试盖一次,在确认仪器放置正确后,再将各制动螺旋稍微拧紧,防止仪器在箱内自由转动而损坏某些部件。

(8)清点箱内附件,如有缺少,应立即寻找。若附件完好,可将仪器箱关妥,扣紧锁好。若附件丢失,应如实记录并报告管理人员。

(六)仪器迁站时的注意事项

(1)在带着仪器行进过程中,一定要注意仪器安全。凡是能背的仪器,一定要检查好背带,然后按要求背在肩上,不允许用自行车带仪器或背着仪器骑车,更不准用标尺、花杆或其他东西抬着仪器走。

(2)在平坦地区短距离迁站时,先检查仪器与脚架中心的连接螺旋,一定要拧紧;再微松照准部制动螺旋,使其万一被碰时可稍微转动。对于一般仪器,可收拢三脚架放在腋下,一只手抱住脚架,另一只手托住基座和照准部;对于精密仪器,在迁站时,应将三脚架撑开,用肩托住三脚架内部顶板,使仪器保持垂直。严禁将三脚架收拢后把仪器扛在肩上迁移。

(3)对于远距离或通过行走不便的地区迁站时,应将仪器按要求装箱后搬迁。

(4)每次迁站时都要清点所有仪器器材及附件,以防丢失。

二、其他仪器器材

(1)钢尺性脆易断,使用时要倍加小心。严禁在地面上拖拉,严禁行人脚踏或各种车辆轧过。使用钢尺时,应两人拉尺,中间有一人托尺,防止因打结而扭断。用完收卷时,同时用布擦去灰沙。皮尺强度小,使用时不宜过于用力。万一皮尺浸水,应晾干后再卷入。

(2)手持测距仪要检查开关机是否正常、电量是否充足,以免因为仪器及电源故障耽误实训。

(3)各种标尺不准随便靠在树上或墙上而无人扶,以免滑倒摔坏;绝不允许踏、坐在标尺上或用标尺抬东西。在标尺上读数时,不准用指甲或铅笔等做记号或乱画,以免损坏尺面。

(4)棱镜杆不能用来抬东西,要注意不能使棱镜杆弯曲,并要注意保护棱镜杆上的油漆。

(5)标尺、脚架上的泥土,应随时揩净;如着水,应随即揩干,以免油漆脱落或生锈。

(6)要防止尺垫、钢卷尺、手持测距仪等器材丢失,更不允许记录手簿和有关资料丢失。

【记录字体及有关规定】

(1)观测手簿是测量成果的原始资料。为保证测量成果的严肃性、可靠性,要求各项记录必须在测量时直接、及时记入手簿,不能靠记忆补记或记录在其他地方后进行转抄。

(2)记录时文字均用正楷体,阿拉伯数字用记录字体(白斜体)。记录数字字体如图 0-1 所示。

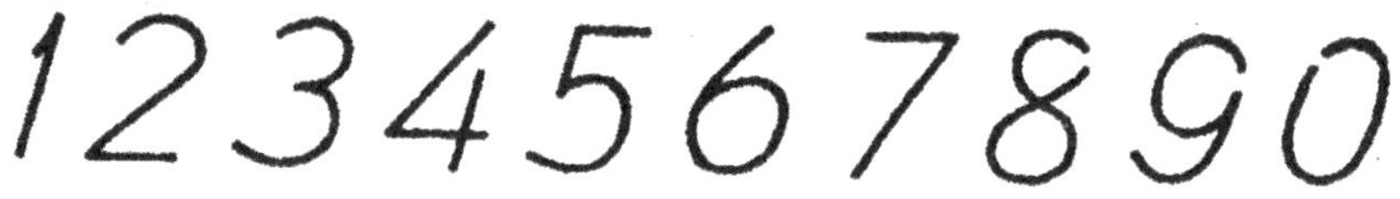

图 0-1 记录数字字体

书写记录数字时应注意以下几个问题：

①略微向右倾斜，符合书写习惯，写起来自然流畅且不易相互更改。

②“1”起笔应带钩，使之不易改成“4”“7”“9”等；但钩不宜太长，以防误认为“7”。

③“7”的拐角应带棱，一笔到底，竖笔应有一定弧度。

④“8”应一笔写成，起笔、停笔在右上角并留有缺口，可防止由“3”改“8”。

⑤“9”的缺口也留在右上角，可防止由“0”改“9”。

(3)外业观测数据必须记录在带编号的、装订成册的手簿上，手簿不得空页。作废的记录应保留在手簿上。不得撕页，不得在手簿上乱写乱画。

(4)所有记录与记录过程的计算，均需用 H~3H 绘图铅笔。字体应端庄清晰，字体高度应只占格子的一半，以留出空隙便于更正。

(5)手簿中规定应填写的项目，不得留有空白。

(6)记录员听到观测员报数后，应回报一遍，观测员听到没有否定后，方可记入手簿，以防记录员听错、记错。

(7)在观测手簿中，对有正、负意义的量，在记录计算时，都应带上“+”号或“-”号。即使全部记录是“+”号也不能省略。

(8)外业观测手簿中记录数字如有错误，严禁用橡皮擦、就字改字、小刀刮或挖补。更正时应用横线将错误数字划去，再将正确数字写在原数上方，并在备注栏内注明原因。除计算数据外，所有观测数据的更正和淘汰，必须在备注栏内注明原因和重测结果记于哪一页。重测记录前，均应填写“重测”二字。

(9)在同一测站内，不得有两个相关数据“连环涂改”。如改“平均数”，则不准再改任何一个原始数据，假如两个数均错，则应重测重记。

(10)对于观测值的尾部读数有错误的记录，不论什么原因都不允许更改，而应将该站观测结果废去重测。不准更改部位和应重测范围见表 0-1。

表 0-1 不准更改部位和应重测范围

测量种类	不准更改部位	应重测范围
角度测量	秒读数	该测回
水准测量	厘米及毫米读数	该测站

(11)记录数字，应按规定位数写整齐，不得省略零位，见表 0-2。

表 0-2 记录数字要求

测量种类	数字单位	记录位数	实例
角度测量	分、秒	各二位	103°00′06″
水准测量	毫米	四位	0810

(12)所有记录如不按规定办理,将视情况部分或全部作废重测。

【机房实训须知】

一、学生上机守则

(1)不准带与上课无关的东西,如水果、饮料、口香糖等进入机房,严禁赤膊,穿背心、拖鞋等进入机房。

(2)学生应在上机前提前 5 min 有秩序地进入规定机房上机。上机期间,不得擅自离开机房;如需暂离机房必须向老师请假,获准后方可离开。

(3)按时上下机,不准迟到、早退,有事需认真履行请假手续;教学上机时非本班学生一律不得进入。

(4)进入机房后须对号入座,服从指导教师的调配,不得擅自调换座位;学生上机如确有原因需更换机器,必须征得教师同意后按指定位置上机。对号入座后须按要求填写"机房登记使用表"。

(5)保持机房安静、整洁。机房内不准大声喧哗,不准聊天、嬉笑、打闹和做与学习无关的事情。

(6)在机房内严禁吸烟,不随地吐痰,不乱丢垃圾,不准在计算机设备及桌、椅、墙壁上乱涂乱画。不可野蛮操作计算机,如用力敲击键盘、鼠标等。

(7)禁止使用机房电源及 USB 接口对任何非机房设备充电,不得改变键盘的键位排列。

(8)爱护机房设施,爱护公物及他人的物品,不准击打室内的桌凳、机器、地面、墙壁等;严禁动用机房内的其他设施,未经允许不得改动或移动机房内的电源、空调、机柜、终端等;不得碰动机器后的网络电缆线、电源线、电源插座;严禁私自拆卸配件、更改设置参数、添加口令、删除文件。

(9)如遇计算机和其他设备发生故障损坏,应立即停止使用,并向指导教师报告。

(10)上机结束后,把凳子摆放整齐,做好机位周围的清洁工作。

二、指导教师岗位职责

(1)指导教师上课前应到机房管理员处领取机房钥匙,并在钥匙领取登记表上登记信息,下课后立即到机房管理员处归还钥匙,并确认签字。在规定时间、规定机房上课,并严格执行机房的管理制度。

(2)每门课程初次在机房上课时,指导教师应对学生进行上机注意事项及相关制度的教育。

(3)对于按教学计划排定的课程,指导教师应明确实训内容,耐心指导学生上机,及时解答学生疑问;需更改课程安排的,提前一天通知机房管理员。

(4)指导教师在上课前启动电源开关,不得由学生来启动电源。

(5)上机时指导教师应提出具体、明确操作内容和要求,在学生上机操作过程中指导教师应加强巡视,指导、检查、督促学生进行有关操作。

(6)上机期间保持机房安静,指导教师应负责维持好机房秩序。

(7)督促学生严格遵守上机守则,及时纠正学生的违章操作行为,制止学生的违纪行为,督促学生填写学生上机登记表。

(8)学生上机结束前,指导教师应提醒学生整理桌面、放好凳子,并对实训教室进行清扫。指导教师应在所有学生离开机房后,才能离开机房。

(9)机房的所有设备,教师和同学都应当加以爱护。教师在教学过程中如需对机器进行拆卸处理,应向实训中心主管领导提出申请,经允许后方可进行,工作结束后应及时恢复原状。

(10)在学生使用过程中计算机发生故障时,应及时向指导教师报告,由指导教师负责解决。如当场不能解决,课后应通知机房管理员,并将具体情况填写在"机房使用情况登记表"上。

(11)机房物品原则上一律不外借,如确因工作需要需借出使用,必须书面报告并经实训中心主管领导签字同意后方可借出。

(12)因课程需要使用特殊设备或软件的,应事先与上级领导协商。

三、应急情况处理办法

(1)指导教师要时刻保持警惕,熟练掌握灭火器材的使用方法,密切注意机房设备的运行情况。

(2)发现机房内有异常气味时,要认真仔细地检查机房的各个部位,直到查明原因,确保无危险情况时为止。

(3)发现机房有烟雾时,首先要切断电源,及时疏散学生撤离现场,并第一时间通知主管部门。

(4)发现机房出现火焰时,首先要切断电源,及时疏散学生撤离现场,并第一时间通知主管部门。同时在保证自身安全的情况下,使用灭火器等控制和扑灭火焰。

项目一　高程控制测量

码 1-1　项目说明

【项目说明】

本项目主要学习高程控制测量的理论技术和方法,主要包括水准仪的使用、检验与校正,四等水准测量,水准路线高程计算,三角高程测量等。通过实训使学生熟悉水准仪的使用;理解四等水准测量的原理,掌握四等水准测量的作业方法、技术要求、作业过程及成果的整理计算;了解水准仪检验、校正方法;掌握三角高程测量的原理、测量方法及成果计算等技能。

【项目任务】

任务一　水准仪的认识和使用。

任务二　水准仪的检验与校正。

任务三　四等水准测量。

任务四　水准路线高程计算。

任务五　三角高程测量。

【项目成果】

1. 测量高差记录、计算表。
2. i 角检验记录、计算表。
3. 四等水准测量记录表。
4. 高程误差配赋表。
5. 三角高程测量记录表。
6. 三角高程测量高差计算表。

任务一　水准仪的认识和使用

码 1-2　水准仪的认识和使用

一、目的与要求

(1)了解水准仪的基本结构,熟悉水准仪的使用方法,认清部件的名称及作用。

(2)掌握水准仪的整置、消除视差、读取中丝读数和视距的方法。

(3)分组练习,能使用水准仪准确测出地面两点间的高差。

二、实训准备

各组配自动安平水准仪一台(附脚架),双面标尺一对,尺垫两个,记录板一块,2H 铅笔,计算器等。

三、步骤与方法

(一)准备工作

首先由指导教师示范安置仪器、粗平,照准调焦及消除视差,读视距、标尺读数,记录及扶尺等基本操作方法,然后分组认识各部件名称,了解仪器性能,练习标尺读数方法。

(二)安置水准仪的步骤

(1)安置脚架。在脚架并拢的情况下,一手扶住架头,弯腰松开架腿固紧螺旋,抽取脚架至胸前,适度拧紧螺旋,撑开脚架,使三个架腿呈正三角形,并调整脚架面至基本水平,注意不要在光滑的水泥地上设站,防止脚架意外滑倒。

(2)双手从仪器箱中取出水准仪,放在架头上,一只手扶仪器照准部,另一只手旋上脚架中心螺旋并固定。

(3)粗平。使圆水准器位于两脚螺旋之间,两手相对旋转这两个脚螺旋,使圆水准器气泡移到这两个脚螺旋连线的中垂线上(注意,左手拇指移动的方向就是气泡移动的方向)。然后,转动第三个脚螺旋,使圆水准器气泡移到中心。如此反复进行使圆水准器气泡居中,达到粗平的目的。

(三)照准、调焦、消除视差的步骤

(1)照准。转动照准部,用望远镜上面的准星和缺口粗略照准标尺,再用微动螺旋使标尺影像移到十字丝中央。

(2)目镜调焦。转动目镜调焦螺旋,使十字丝看得最清晰。

(3)物镜调焦,消除视差。转动物镜调焦螺旋,使标尺成像最清晰。检查是否存在视差,若有,应再仔细进行物镜调焦,直至视差消除。

(四)读视距的步骤

(1)照准标尺,读取上视距丝标尺读数(以毫米为单位的四位读数)。

(2)读出下视距丝的标尺读数。

(3)用上丝读数减去下丝读数,取至 0.1 cm,此厘米数即为视距间隔 L,乘以 100 后,就是仪器到标尺的视距值。如:上丝读数 1698,下丝读数 1519,L: $1698-1519=179$ (mm)= 17.9 cm,则视距值为 $100L$,即 17.9 m。

(五)标尺读数及测两标尺间的高差步骤

(1)将标尺立于尺垫上,精确照准后视标尺,消除视差,读上、下丝读数并记录。

(2)按十字丝的水平中丝位置读取标尺黑面的读数,估读到毫米(读取以毫米为单位的四位读数)。后视标尺黑面的读数为后尺黑面读数,把标尺转到红面,用同样的方法读取后尺红面读数。每个数都要按规定的方法和格式立即记录于记录表格。

(3)松开制动螺旋,转动照准部照准前视标尺并制动,调焦消除视差,先读取前尺上、下丝读数。读取前尺黑面读数[方法与(2)同],记录;将前尺转为红面,读取前尺红面读数,记录。

(4)计算高差。后尺黑面读数减前尺黑面读数即得两立尺点间的黑面高差。高差有正负,以毫米为单位记于高差栏内。为了检核,应计算红面两标尺的读数差即红面高差,其结果与黑面高差应差一个常数±100 mm(如后视尺的尺常数为 4687,则红面高差比黑面高差应小 100 mm;如后视尺的尺常数为 4787,则红面高差比黑面高差应大 100 mm)。

红面高差减去或加上 100 后，与黑面高差的误差应在 3 mm 以内，读数方为合格。否则，该站读数全部作废，重新进行读数、记录、计算。

四、注意事项

（1）要爱护仪器。安置仪器时，将中心连接螺旋拧紧，但切勿拧太紧，以免破坏连接螺旋。

（2）标尺不准靠在墙上、树上和电线杆上，防止滑倒摔坏。长时间不观测时，标尺可以侧面向下平放在平坦地面上。在道路上作业，标尺不用时应顺放在路边或路沿上，不准横放或斜放，防止行人或车辆碰坏标尺。不得坐在标尺上或用标尺抬东西。肩扛标尺行走时，不要横着扛，以免碰着行人或车辆。

（3）要特别注意和强调的是，后尺观测完转动照准部照准前视标尺时，即使圆水准器气泡不居中，也不能再转动脚螺旋使其居中。

（4）测高差时，标尺应立在尺垫上，尺垫应事先踩实。一旦开始观测，就不能再动尺垫，直到本标尺前、后站都观测完毕且合格后才可以动后尺垫，否则应重测。扶尺者要将尺子扶直、扶稳。

五、实训成果

实训时，每人应独立完成水准仪的使用及水准测量观测、记录、计算工作，并填写下表。

测量高差记录、计算表

时间：　　　　　组别：　　　　　学号：　　　　　姓名：

测站号	后视距（m）	前视距（m）	尺号	黑面读数（mm）	红面读数（mm）	平均高差（mm）
			后尺			
			前尺			
			高差			
			后尺			
			前尺			
			高差			
			后尺			
			前尺			
			高差			
			后尺			
			前尺			
			高差			
			后尺			
			前尺			
			高差			

六、成绩考核

（1）自我评价与组员互评。

自我评价与组员互评

项目名称					
实训场地		组别姓名		班级学号	
序号	考核项	分值	实训要求	自我评定	备注
1	实训态度、思想意识	20	实训态度认真，思想意识高		
2	实训纪律	10	遵守实训纪律，服从老师、组长管理		
3	团队协作	20	团队协作能力强，配合其他组员完成任务		
4	实训内容完成情况	30	能独立完成各实训内容		
5	实训安全情况	10	实训安全无事故		
6	分析问题和解决问题的能力	10	分析和解决实训问题的能力强		
实训总结与反思：					
组长评价：__________　小组其他同学评价：______________________________					

（2）实训指导教师评价。

实训指导教师评价

项目名称					
实训场地		组别姓名		班级学号	
序号	考核项	分值	实训要求	考核评定	备注
1	实训态度、思想意识	20	实训态度认真，思想意识高		
2	实训纪律	10	遵守实训纪律，服从老师、组长管理		
3	团队协作	5	团队协作能力强，配合其他组员完成任务		
4	记录、计算准确性与整洁性	10	记录规范完整，计算准确		
5	实训内容完成情况	20	能完成各实训内容		
6	实训内容完成时间	10	能按时完成各实训内容		
7	实训安全情况	5	实训安全无事故		
8	实训考核情况	20	能独立完成单站观测及记录、计算		
存在问题：					
指导教师：____________________　评价时间：________年_____月_____日					

任务二　水准仪的检验与校正

码 1-3　水准仪的检验与校正

一、目的与要求

(1)熟悉水准仪的基本结构与性能,了解水准仪应满足的几何条件。

(2)掌握普通水准仪的检验、校正方法。

二、实训准备

自动安平水准仪一台(附脚架),水准标尺一对,尺垫两个,记录板一块,皮尺一个,自备铅笔,计算器。

三、步骤与方法

(一)一般检查步骤

(1)三脚架架头是否稳固,架腿能否固紧,脚尖是否牢固。

(2)仪器的脚螺旋、制动螺旋、调焦及微倾螺旋是否灵活、有效,照准部的旋转轴是否灵活。

(3)圆水准器校正螺丝是否完好有效。

(4)望远镜成像及十字丝是否清晰,光学部件有无霉点。

(二)圆水准轴应与竖直轴平行的检校

1. 检验步骤

(1)转动照准部使望远镜平行于任意两个脚螺旋的连线,先调整此两脚螺旋使气泡移至中垂线上,再调第三个脚螺旋使气泡居中。

(2)将照准部旋转 180°后,如果气泡仍然居中,表示此项条件满足;如果气泡偏离中心,则需要校正。

2. 校正步骤

(1)先用脚螺旋校正圆水准器气泡至偏离量的一半。

(2)另一半的偏离量用圆水准器底部的三个校正螺丝改正,使圆水准器气泡居中。

(3)照准部旋转 90°再复查,直到圆水准器气泡始终在分划圈内为止,一般需反复进行 2~3 次,才能达到要求。

(三)十字丝横丝应与竖直轴垂直的检校

1. 检验步骤

(1)整平水准仪,用望远镜横丝左端照准墙上一点状目标,然后制动照准部。

(2)转动水平微动螺旋,使目标点由左端移到右端。若目标点不离开横丝,表示横丝水平;若目标点离开横丝,表示横丝不水平,需要校正。

2. 校正步骤

(1)用小螺丝刀松开十字丝环的固定螺丝(有的仪器要先旋开十字丝护盖才能看见固定螺丝)。

(2)转动十字丝环,使十字丝一端升高、一端降低,各改正一半。

(3)重复上述步骤,直到目标点始终不离开横丝为止。

(4)紧固十字丝环的固定螺丝,若有护盖应将其旋上。

(四)i 角的检验校正

1. 检验步骤

(1)在较平坦场地上量取 $AE=41.2$ m 的线段,并依次找出在一条直线上的 A、C、B、E 四个点,将其分为 $AC=CB=10.3$ m,$BE=20.6$ m 的 3 段距离,在 A、B 两点处各放一尺垫并立标尺,在 C、E 两点打一木桩或用粉笔画一十字做标记,并分别安置仪器。

(2)将水准仪安置在 C 点处,整平,照准 A 点标尺黑面,用中丝读取黑面标尺四个读数。这四个读数的互差应小于 4 mm,取其中数(平均值)为 a_1。

(3)照准 B 点标尺黑面,用(2)方法在 B 点标尺上读四个读数,取其中数为 b_1。

(4)将仪器搬到 E 处,重复(2)、(3)的操作,又得到 A 点标尺四个读数的中数 a_2 和 B 点标尺四个读数的中数 b_2。然后用下式计算 i 角:

$$\Delta = (a_2 - b_2) - (a_1 - b_1)$$

$$i'' = 10\Delta$$

式中,Δ 以毫米为单位。

若计算出的 i 角在 $\pm 20''$ 以内,可不必校正;否则,应按下述步骤进行校正。

2. 校正步骤

(1)校正在 E 处进行,照准 A 点标尺,打开十字丝护盖,松开十字丝固定螺丝,上下轻微调节,使水平横丝切准 A 点标尺的正确读数 $a'_2 = a_2 - 2\Delta$。

(2)照准 B 点标尺,检查其读数是否为正确读数 $b'_2 = b_2 - \Delta$。

(3)按上述检验步骤进行检验,若 i 角在 $\pm 20''$ 范围内即可;否则,应反复检验校正,直到符合要求为止。

四、注意事项

(1)校正时应注意校正螺丝的旋转方向,是要提高还是要降低,怎样转才能达到校正的目的,应转多大角度,要做到心中有数,不得盲目乱动。特别是转不动时不要硬转,以免拧断螺丝或损坏丝扣及校正孔。一般应先松一个螺丝后紧另一个螺丝,微松微紧。校正螺丝应先旋进后旋出,注意不要搞错。每项校正完后,一定要固紧校正螺丝。

(2)i 角有正负,i 为负值表示照准轴低于水平视线。Δ 也有正负,注意不要算错,以免影响校正。

(3)在 i 角没有校正好之前,不要动尺垫,否则应重新检验。

五、实训成果

i 角检验记录、计算表见下表。

i 角检验记录、计算表

测站	观测次序	标尺读数(m)		高差(mm)	i 角的计算
		a	b	$a-b$	
C	1				$\Delta=(a_2-b_2)-(a_1-b_1)=$ $i''=10\Delta=$
	2				
	3				
	4				
	中数				
E	1				校正时正确读数: $a_2'=a_2-2\Delta=$ $b_2'=b_2-\Delta=$ 校后检测: $b_2'=$
	2				
	3				
	4				
	中数				

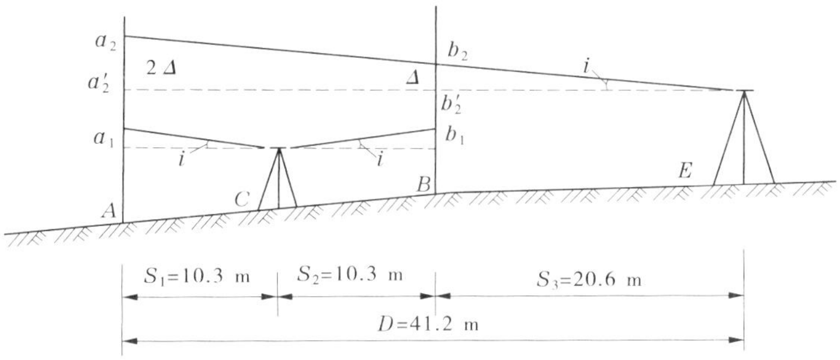

六、成绩考核

(1)自我评价与组员互评。

自我评价与组员互评

项目名称					
实训场地		组别姓名		班级学号	
序号	考核项	分值	实训要求	自我评定	备注
1	实训态度、思想意识	20	实训态度认真,思想意识高		
2	实训纪律	10	遵守实训纪律,服从老师、组长管理		
3	团队协作	20	团队协作能力强,配合其他组员完成任务		
4	实训内容完成情况	30	能独立完成各实训内容		
5	实训安全情况	10	实训安全无事故		
6	分析问题和解决问题的能力	10	分析和解决实训问题的能力强		
实训总结与反思:					
组长评价:________ 小组其他同学评价:________________					

(2)教师评价。

实训指导教师评价

项目名称					
实训场地		组别姓名		班级学号	
序号	考核项	分值	实训要求	考核评定	备注
1	实训态度、思想意识	20	实训态度认真,思想意识高		
2	实训纪律	10	遵守实训纪律,服从老师、组长管理		
3	团队协作	10	团队协作能力强,配合其他组员完成任务		
4	记录、计算准确性与整洁性	10	记录规范、完整,计算准确		
5	实训内容完成情况	30	能独立完成各实训内容		
6	实训内容完成时间	10	能按时完成各实训内容		
7	实训安全情况	10	实训安全无事故		
存在问题:					
指导教师:________________ 评价时间:________年______月______日					

任务三　四等水准测量

码 1-4　四等水准测量

一、目的与要求

(1)熟练掌握水准测量手簿的记录格式、要求,以及各项限差要求。

(2)熟悉水准路线的布设、设站及转点的选择方法,掌握四等水准测量的全过程。

二、实训准备

自动安平水准仪一台(附脚架),双面水准标尺一对,尺垫两个,记录板一块,自备铅笔、小刀、计算器等。

三、步骤与方法

(一)准备工作

(1)教师先向各组布置任务,明确已知点位及待测点位,讲解有关注意事项。然后各组分别查勘线路,选定待测点位,标定点位并编号。

(2)组长分配各人的工作及轮换顺序,明确各自的任务及应携带的仪器器材,然后从起点开始测量。

(二)测量方法

完整施测过程参考上方二维码中"四等水准测量实操"或"虚拟仿真软件模拟四等水准测量视频"。

1. 观测员的工作

(1)首先根据线路前进方向,考虑前尺大致位置,在前、后尺的中间易观测的地方设站安置仪器。

(2)照准后视标尺,调焦并消除视差,读取上、下丝读数并报读给记录员,注意听记录员的复诵是否正确。

(3)读取后尺黑面中丝读数。示意后尺员将标尺转为红面,读取后视红面中丝读数。每次读数后都应注意听记录员复诵是否正确,若有错误应立即纠正。

(4)转动照准部照准前视标尺,按与(2)、(3)的方法观测前视标尺,并报给记录员,然后等待记录员检核结果。检核结果如果超限应重测;如果记录员通知合格,应立即示意后尺员前进。

(5)迁站时,左手扶仪器基座和照准部,右手收拢脚架抱于怀中,使仪器处于微倾状态,沿道路边稳步前进,到下一站再按上述步骤观测,直到结束。如果前后视距差累积过大,可指挥前尺调整。视距差累积为正,前视距应放长;反之,前视距应缩短。另外,测段最后或终点站,应尽可能使测站数为偶数,以消除标尺零点误差。

2. 记录员的工作

测量开始前应先填写全部表头部分内容。

记录的一般顺序应按表 1-3-4 中的编号(1)~(18)依次进行。对各栏填写的内容说明如下：

(1)栏为后尺黑面上丝读数。

(2)栏为后尺黑面下丝读数。

(3)栏为后尺黑面中丝读数。

(4)栏为后尺红面中丝读数。

(5)栏为后视距，用后尺上丝读数减去下丝读数算出，记至 0.1 m，即(5)=(1)-(2)。

(6)栏为后尺黑、红面读数差，算法为"后尺 K 加黑面读数减去红面读数"，结果应不超过±3 mm，否则应重测本站，即 K+黑-红=K+(3)-(4)=(6)，(6)应不超过±3 mm。

(7)栏为前尺黑面上丝读数。

(8)栏为前尺黑面下丝读数。

(9)栏为前尺黑面中丝读数。

(10)栏为前尺红面中丝读数。

(11)栏为前视距，用前尺上丝读数减去下丝读数算出，记至 0.1 m，即(11)=(7)-(8)。

(12)栏为前、后视距差，d=后视距-前视距=(5)-(11)，d 应不超过±3 m；否则，应调整前尺重测本站。

(13)栏为前、后视距累积差，$\sum d=\sum$前站的 d+本站的 d(若为第 1 站 $\sum d=d$)。$\sum d$ 应不超过±10 m；否则，应调整前尺距重测。

(14)栏为前尺黑、红面读数差，算法为"前尺 K 加黑面读数减去红面读数"，结果应不超过±3 mm；否则应重测本站。

★计算：K+黑-红=K+(9)-(10)=(14)，(14)应不超过±3 mm。

★思考：如何快速计算(6)、(14)栏？

(15)栏为黑面高差，用后尺黑面读数减前尺黑面读数算出，即(15)=(3)-(9)，以毫米为单位，结果保留四位数，有"+""-"之分(正数也要写"+"号)。

(16)栏为红面高差，用后尺红面读数减前尺红面读数算出，即(16)=(4)-(10)，以毫米为单位，结果保留四位数，有"+""-"之分(正数也要写"+"号)。

(17)栏为黑、红面高差之差，(17)=(6)-(14)=(15)-[(16)±100]。如当后尺尺常数为 4687 时应为"+100"；否则应为"-100"。结果以毫米为单位。纵、横检核数应相等，其绝对值应不超过 5 mm；否则应重测本站。

(18)栏为黑、红面高差中数，即 $(18)=\frac{1}{2}\{(15)+[(16)\pm 100]\}$。"±100"同(17)栏，取至 0.1 mm，记"+""-"号(正数也要写"+"号)。

记录员应边记录边计算，所有记录完毕后立即进行检核。如果本站不合格，应立即通知观测员重测，并将不合格的本站记录从左上角至右下角用三角板整齐划去，同时在备注栏注明原因。重测时，测站编号不变。如果后尺已移动，应从固定点或起点重测。

本站记录检验全部合格后，记录员立即通知观测员及后尺员迁站。记录员应检查并携带剩余器材随后迁站，如视距差积累过大，应通知正在迁站将转为前尺的后尺员，适当调整视距。

3. 扶尺员的工作

（1）尺子立在已知点、待测点或固定点时，不得用尺垫，应直接立在点上。只有转点才需要放尺垫。用尺垫作转点时，尺垫应踩实，不要放在松软的地面，防止下沉。

（2）扶尺员应随时注意测站的观测，看到观测员即将观测本尺时，应提前立尺，主动配合，立稳、立直，以提高作业速度。由前尺转为后尺中间可以稍微休息，尺子侧放在地面，保护好尺子和尺垫，尺垫绝不能碰动；否则应返工，从起点或固定点开始观测。

（3）后尺员迁站必须听从观测员或记录员招呼"前进"口令时，才能提起尺垫前进，如果未测合格就动了后尺垫，也要返工从起点或固定点开始重测。黑面转为红面或红面转为黑面都要看观测员的示意或招呼进行，扶尺员应掌握观测程序，即：后—后—前—前或黑—红—黑—红的观测顺序，主动配合好。

（4）后尺员肩扛标尺行进时应沿道路边缘走，注意安全，不要碰坏标尺或碰着车辆、行人。当到达原来的前尺位置（下一站的后视标尺点）时，应开始用步子量测到下个测站仪器的距离，然后从仪器站步测同等的距离，或根据记录员的要求调整前尺距离，确定立尺点，并要考虑到使下一站的观测方便。

（三）四等水准测量的一般规定及限差要求

（1）四等水准测量适用于平坦地区，起闭点应是国家三等以上控制点。标尺为具有厘米区格式分划的双面或单面标尺。

（2）观测前应按规范要求对仪器进行全面的检验与校正。四等水准测量 i 角应不超过±20″。

（3）四等水准测量每测段观测站数应为偶数站。每测站的观测顺序为：后—后—前—前（黑—红—黑—红）。

（4）直接读取视距，按中丝读数法测定高差。附合水准路线、闭合水准路线单程观测时，支水准路线应往返观测（或单程双测），估读至毫米。

（5）四等水准测量各项技术要求见表 1-3-1、表 1-3-2、表 1-3-3［《国家三、四等水准测量规范》（GB/T 12898—2009）］。

（6）视距及高差中数保留小数点后一位。

表 1-3-1　四等水准测量的主要技术要求　单位：mm

等级	测段、路线往返测高差不符值	测段、路线的左、右路线高差不符值	附合路线或环线闭合差		检测已测测段高差的差
			平原	山区	
四等	$\leqslant \pm 20\sqrt{K}$	$\leqslant \pm 14\sqrt{K}$	$\leqslant \pm 20\sqrt{L}$	$\leqslant \pm 25\sqrt{L}$	$\leqslant \pm 30\sqrt{R}$

注：K—路线或测段的长度，km；

L—附合路线（环线）长度，km；

R—检测测段长度，km。

山区指高程超过 1 000 m 或路线中最大高差超过 400 m 的地区。

表 1-3-2　四等水准观测的视线长度、前后视距差、视线高度的要求　单位:m

等级	仪器类别	视线长度	前后视距差	任一测站上前后视距累积差	视线高度	数字水准仪重复测量次数
四等	DS_3	≤100	≤3.0	≤10.0	三丝能读数	≥2 次
	DS_1、DS_{05}	≤150				

表 1-3-3　三、四等水准测量的测站观测限差　单位:mm

等级	观测方法	基、辅分划(黑、红面)读数的差	基、辅分划(黑、红面)所测高差的差	单程双转点法观测时,左右路线转点差	检测间歇点高差的差
三等	中丝读数法	2.0	3.0	—	3.0
	光学测微法	1.0	1.5	1.5	
四等	中丝读数法	3.0	5.0	4.0	5.0

四、注意事项

(1)在每一站由观测后视转为观测前视的过程中,即使圆水准气泡不居中,也不能转动脚螺旋调圆水准气泡居中,以免视线高度变动。

(2)记录员听到观测员的读数后应立即复诵一遍,以便观测员检查是否报错、听错。观测员不否认时再记录。

(3)记录必须整齐、清洁、正规,不许涂改,潦草模糊,决不允许用橡皮擦,不许转抄。所有原始数据必须现场记录。原始读数的厘米、毫米部分不许更改,米及分米部分如有听错、记错或读错,每测站可以更改一次,但不许连环更改,否则应重测本站。更改读数时要将错误的整齐划去,将正确读数写在原数上方,注意不要划去厘米及毫米数。然后在备注栏注明更改原因。

(4)每测站的各项限差都不超限时,才可以迁站;否则该站应重测。

(5)在一测站还没观测完时,后尺垫严禁碰动;否则,该测段应全部重测。

(6)观测中,水准标尺要立直、立稳,观测、记录、立尺三者要互相配合好。

(7)如视距差或视距累积差超过规定限差,只能移动前视标尺位置(前标尺不能动时移动仪器位置),后视标尺决不能动;否则,要重测本测段。另外,记录者应经常将视距差或视距累积差告诉观测者和前视立尺员,以便随时调整前视标尺位置,使视距累积差始终符合限差要求。视距累积差应按水准路线累计计算。

(8)若(6)栏或(14)栏的绝对值大于 3 mm,(17)栏的绝对值大于 5 mm,应及时重新观测本测站,超限的记录应废去。

五、实训成果

表 1-3-4 四等水准测量记录表

观测日期:________ 年____ 月____ 日____ 时____ 分 天气:________ 成像:________

仪器型号:__________ 编号:__________ 观测者:__________ 记录者:__________

测点编号	后尺 上丝	前尺 上丝	方向及尺号	水准尺读数(mm)		K+黑-红	后-前中数(mm)	备注
	后尺 下丝	前尺 下丝		黑面	红面			
	后视距	前视距						
	视距差 d(m)	$\sum d$(m)						
	(1)	(7)	后视	(3)	(4)	(6)	(18)	尺常数: $K_1=4687$ $K_2=4787$
	(2)	(8)	前视	(9)	(10)	(14)		
	(5)	(11)	后-前	(15)	(16)	(17)		
	(12)	(13)						
			后视					
			前视					
			后-前					
			后视					
			前视					
			后-前					
			后视					
			前视					
			后-前					
			后视					
			前视					
			后-前					
			后视					
			前视					
			后-前					

续表 1-3-4

测点编号	后尺 上丝	前尺 上丝	方向及尺号	水准尺读数(mm)		K+黑-红	后-前中数(mm)	备注
	后尺 下丝	前尺 下丝						
	后视距	前视距		黑面	红面			
	视距差 d(m)	$\sum d$(m)						
			后视					
			前视					
			后-前					
			后视					
			前视					
			后-前					
			后视					
			前视					
			后-前					
			后视					
			前视					
			后-前					
			后视					
			前视					
			后-前					
			后视					
			前视					
			后-前					
			后视					
			前视					
			后-前					

续表 1-3-4

测点编号	后尺 上丝	前尺 上丝	方向及尺号	水准尺读数(mm)		K+黑-红	后-前中数(mm)	备注
	下丝	下丝		黑面	红面			
	后视距	前视距						
	视距差 d(m)	$\sum d$(m)						
			后视					
			前视					
			后-前					
			后视					
			前视					
			后-前					
			后视					
			前视					
			后-前					
			后视					
			前视					
			后-前					
			后视					
			前视					
			后-前					
			后视					
			前视					
			后-前					
			后视					
			前视					
			后-前					

续表 1-3-4

测点编号	后尺　上丝	前尺　上丝	方向及尺号	水准尺读数(mm)		K+黑-红	后-前中数(mm)	备注
	下丝	下丝		黑面	红面			
	后视距	前视距						
	视距差 d(m)	$\sum d$(m)						
			后视					
			前视					
			后-前					
			后视					
			前视					
			后-前					
			后视					
			前视					
			后-前					
			后视					
			前视					
			后-前					
			后视					
			前视					
			后-前					
			后视					
			前视					
			后-前					
			后视					
			前视					
			后-前					

六、成绩考核

(1)自我评价与组员互评。

自我评价与组员互评

项目名称					
实训场地		组别姓名		班级学号	
序号	考核项	分值	实训要求	自我评定	备注
1	实训态度、思想意识	20	实训态度认真,思想意识高		
2	实训纪律	10	遵守实训纪律,服从老师、组长管理		
3	团队协作	20	团队协作能力强,配合其他组员完成任务		
4	实训内容完成情况	30	能独立完成各实训内容		
5	实训安全情况	10	实训安全无事故		
6	分析问题和解决问题的能力	10	分析和解决实训问题的能力强		
实训总结与反思:					
组长评价:＿＿＿＿＿　小组其他同学评价:＿＿＿＿＿＿＿＿＿＿＿＿＿＿＿					

(2)教师评价。

实训指导教师评价

项目名称					
实训场地		组别姓名		班级学号	
序号	考核项	分值	实训要求	考核评定	备注
1	实训态度、思想意识	20	实训态度认真,思想意识高		
2	实训纪律	10	遵守实训纪律,服从老师、组长管理		
3	团队协作	10	团队协作能力强,配合其他组员完成任务		
4	记录、计算准确性与整洁性	25	记录规范、完整,计算准确		
5	实训内容完成情况	10	能独立完成各实训内容		
6	实训安全情况	5	实训安全无事故		
7	测量精度	20	成果符合现差要求		
存在问题:					
指导教师:＿＿＿＿＿＿＿＿＿＿　评价时间:＿＿＿＿年＿＿＿月＿＿＿日					

任务四　水准路线高程计算

码 1-5　水准路线高程计算

一、目的与要求

(1)掌握四等水准测量高程误差配赋的方法及待定点高程计算的方法。

(2)利用任务三观测或记录的四等水准测量成果,计算出待定点高程。

二、实训准备

四等水准测量观测成果、笔、计算器。

三、计算步骤

(一)检查观测成果

首先应对观测成果进行全面检查,完全合格后才能进行计算。检查内容包括:

(1)应填写的项目是否齐全,小组及上级是否进行过检查验收,存在问题是否已做处理。

(2)字迹是否清晰,有无涂改现象,错误或改过的部分是否已更改处理妥善,水准路线闭合差是否在允许范围内,对观测成果是否可以用来计算做出结论。

(二)画出水准路线略图

(1)按已知点及待定点的大致方位将点位标于图上,将实际测量的路线用曲实线示意性地绘出,已知点用"⊕"表示,待定点用"○"表示,并标出北方向。

(2)标出各点的点名、编号或名称,将两点之间(测段)的观测高差(h')标在路线中部的上方,距离 D(视距总和)标于路线的下方,并以箭头方向表示路线前进方向。

(三)填写高程误差配赋表

(1)填写点号、测段距离及测段高差,并计算路线总长 $\sum D$ 和水准路线高程闭合差 f_h。

闭合水准路线:
$$f_h = \sum h'$$

附合水准路线:
$$f_h = \sum h' - (H_{终} - H_{始})$$

式中,$H_{终}$、$H_{始}$为终点、起点的已知高程。

(2)计算路线允许高程闭合差 $f_{h允}$。计算高程闭合差是否超限,若超限应重测;若不超限可继续计算。允许高程闭合差按下式计算:

$$|f_{h允}| \leqslant 20\sqrt{L}$$

式中,L 为附合水准路线或闭合水准路线长度,km,不足 1 km 按 1 km 计算。

(四)闭合差配赋

当计算的高程闭合差 f_h 小于 $f_{h允}$ 时,可以进行高程闭合差配赋。当高程闭合差在允许值的范围内时,对于平坦地区,测段的高差改正数 V_i 为:

$$V_i = \frac{-f_h}{\sum D} \cdot D_i$$

式中，$\sum D$ 为路线全长；D_i 为第 i 测段的长度。改正数凑整至毫米，余数可分配于长测段中。

对于山区，可按测段的测站数 n 分配高程闭合差：

$$V_i = \frac{-f_h}{\sum n} \cdot n_i$$

式中，$\sum n$ 为路线测站数之和；n_i 为第 i 测段的测站数。

各测段高差改正数之和与闭合差数值上应相等，符号相反，即 $\sum V = -f_h$，可作为检核用。

各测段高差观测值加上相应改正数即得改正后高差 $\hat{h}_i$：

$$\hat{h}_i = h_i + V_i$$

（五）计算各待定点高程

由起始点的已知高程 H_0 开始，逐个加上与相邻点间的改正后高差 $\hat{h}_i$，即得下一点的高程 H_i：

$$H_i = H_{i-1} + \hat{h}_i$$

最后推求的终点高程应与已知值一致。

四、注意事项

（1）绘制水准路线略图时，注意标明观测方向及测段高差。

（2）各测段高差改正数之和与闭合差数值上应相等，但符号相反，闭合差配赋有余数则加在长测段中。

五、实训成果

高程误差配赋表

班级学号：________　　组号：________　　姓名__________

点号	距离（m）/测站数	观测高差（m）	改正数（m）	改正后高差（m）	高程（m）	备考
						$f_h = \sum h' - (H_{终} - H_{始})$ = $f_{h允}$ =

六、成绩考核

(1)自我评价与组员互评。

自我评价与组员互评

项目名称					
实训场地		组别姓名		班级学号	
序号	考核项	分值	实训要求	自我评定	备注
1	实训态度、思想意识	20	实训态度认真,思想意识高		
2	实训纪律	10	遵守实训纪律,服从老师、组长管理		
3	内业计算成果的准确性与整洁性	25	内业计算规范、完整、整洁,计算准确		
4	实训内容完成情况	20	能独立完成各实训内容		
5	实训考核情况	25	单项考核情况		
实训总结与反思:					
组长评价:__________ 小组其他同学评价:____________________					

(2)教师评价。

实训指导教师评价

项目名称					
实训场地		组别姓名		班级学号	
序号	考核项	分值	实训要求	考核评定	备注
1	实训态度、思想意识	20	实训态度认真,思想意识高		
2	实训纪律	10	遵守实训纪律,服从老师、组长管理		
3	内业计算成果的准确性与整洁性	20	内业计算规范、完整、整洁,计算准确		
4	实训内容完成情况	20	能独立完成各实训内容		
5	实训考核情况	20	单项考核情况		
6	分析问题和解决问题的能力	10	分析和解决实训问题的能力强		
存在问题:					
指导教师:________________ 评价时间:______年____月______日					

任务五　三角高程测量

码 1-6　三角高程测量

一、目的与要求

(1)掌握三角高程测量的测量方法及成果计算。

(2)了解水准测量和三角高程测量的优缺点,并能根据实际情况选择合适的高程测量方法。

二、实训准备

全站仪、脚架、觇标、遮光伞、钢卷尺、记录板、铅笔、计算器。

三、步骤与方法

(一)直觇观测

(1)在已知点 A 上安置全站仪并量取仪器高 i,在未知点 B 设置觇标并量取觇标高 v。

(2)用全站仪精确照准觇标,测量 A 点至 B 点的斜距 S_{AB}。

(3)观测出 B 点垂直角 α(具体方法参照项目二任务三内容)。

(4)利用公式 $h_{AB} = D\tan\alpha + i - v$ 算出高差,式中 D 为 AB 间水平距离。

(二)反觇观测

(1)仪器设置在未知点 B,觇标设置在已知高程点 A,然后重复(一)(2)、(3)、(4)步骤即可。

(2)反觇观测高差计算公式:$h_{BA} = D\tan\alpha + i - v$。

(三)高程的计算

B 点高程:$H_B = H_A + h_{AB}$,式中 h_{AB} 为直觇观测高差和反觇观测高差的中数。

四、注意事项

(1)当两点间水平距离超过 300 m 时,三角高程测量应考虑球差和气差影响,计算时应加上两差改正值 r(两差改正数参照表 1-5-1)。综合两差改正后的高差公式为:

$$h_{AB} = D\tan\alpha + i - v + r$$

表 1-5-1　两差改正数

距离(m)	0	100	200	300	400	500	600	700
0	0.000	0.001	0.003	0.006	0.011	0.017	0.025	0.034
1 000	0.070	0.085	0.110	0.118	0.137	0.157	0.179	0.202
2 000	0.275	0.308	0.338	0.369	0.402	0.437	0.472	0.509

(2)大气折光系数 K 在日出、日落时数值较大且变化较快,测量时应尽量避开此时段。

(3)在日照光线比较强烈的情况下,应尽量使用遮光伞遮挡仪器。

五、实训成果

三角高程测量记录表

测站:________ 仪器高(m):__________ 观测者:_________ 记录者:__________

观测日期:_____年___月____日____时____分 仪器型号与编号:__________

测回	觇点	观测读数		指标差(″)	垂直角(° ′ ″)	觇标高(m)	备注
		盘左(° ′ ″)	盘右(° ′ ″)				

三角高程测量高差计算表

未知点	B	
已知点	A	
觇法	直觇	反觇
α		
D		
$D\tan\alpha$		
i		
r		
v		
h		
h 中数		

六、成绩考核

(1)自我评价与组员互评。

自我评价与组员互评

项目名称					
实训场地		组别姓名		班级学号	
序号	考核项	分值	实训要求	自我评定	备注
1	实训态度、思想意识	20	实训态度认真,思想意识高		
2	实训纪律	10	遵守实训纪律,服从老师、组长管理		
3	团队协作	10	团队协作能力强,配合其他组员完成任务		
4	记录、计算准确性与整洁性	20	记录规范、完整,计算准确		
5	实训内容完成情况	30	能独立完成各实训内容		
6	实训安全情况	10	实训安全无事故		
实训总结与反思:					
组长评价:__________　小组其他同学评价:______________________________					

(2)教师评价。

实训指导教师评价

项目名称					
实训场地		组别姓名		班级学号	
序号	考核项	分值	实训要求	考核评定	备注
1	实训态度、思想意识	20	实训态度认真,思想意识高		
2	实训纪律	10	遵守实训纪律,服从老师、组长管理		
3	团队协作	5	团队协作能力强,配合其他组员完成任务		
4	外业观测精确度	10	成果精度符合限差要求		
5	记录、计算准确性与整洁性	20	记录规范、完整,计算准确		
6	实训内容完成情况	10	能独立完成各实训内容		
7	实训安全情况	5	实训安全无事故		
8	实训考核情况	10	单项考核情况		
9	分析问题和解决问题的能力	10	分析和解决实训问题能力强		
存在问题:					
指导教师:________________　评价时间:________年______月______日					

【思政小课堂】

珠峰高程测量 永攀科技高峰

码 1-7 思政小课堂

2020 年珠峰高程测量，这是时隔 15 年后，我国再次测量世界最高峰的高程，备受关注，意义深远。

攀登珠峰是极具风险的，而我们测绘人要携带大量测绘设备登顶，更是难上加难，风险倍增！但为了更精确地获得珠峰高程我们义无反顾。因为，早期的珠峰测绘多在无人登顶的情况下进行，传统的交会测量和三角高程测量有可能出现偏差。此次我们登顶安置觇标，在山脚下布设的观测点就能更精确地照准峰顶的测量目标，从而测得精确的角度和距离。珠峰高程测量综合运用 GNSS 卫星测量、雪深雷达测量、重力测量、天文测量、卫星遥感等多种技术。其中，GNSS 接收机、雪深探测雷达、气象测量仪和觇标等仪器都需要人携带至峰顶。

此次自然资源部组织的珠峰高程测量实现了北斗卫星导航系统首次应用、首次实测珠峰峰顶重力值等多项第一。同时，雪深探测雷达、重力仪、超长距离测距仪等一大批国产现代测量设备纷纷亮相，尤其是在珠峰顶端承担高精度定位任务的 GNSS 接收机，精度高、信号捕获能力强，为精确获得珠峰高程提供了有力保障。在以往的珠峰高程测量过程中，我们使用的大部分仪器设备都是国外进口的，但这次珠峰高程测量过程中，我们的国产设备在珠峰这样极端恶劣的环境下经受住了考验。我们的数据量增多了，我们测的结果更加可靠了，说明我们国家整个大地测量的技术水平具有国际先进水平。

珠峰高程精确测量在地学研究中具有重要的理论价值。最新发布的珠峰高程数据可以为全球气候变化、冰川监测、生态环境保护等方面的研究提供第一手资料，对我国可持续发展、生态环境监测都具有非常重要的意义。

可以说测量的是珠峰高程，攀登的是科技高峰。从克服种种困难登顶成功，到费尽千辛万苦获得一手数据，再到精确处理庞大的数据量，每一个重要环节都离不了科技力量，都融入了最新的科学技术。从这个角度看，测量珠峰的过程就是展现中国科技水平的过程。坚定创新自信，勇攀科技高峰，我们就更有底气实现科技自立自强。

项目二　平面控制测量

码 2-1　项目说明

【项目说明】

本项目主要学习全站仪使用功能和导线测量的内容，通过循序渐进的六个任务（分别是全站仪的使用、测回法水平角观测、垂直角观测、距离观测、导线测量和导线测量内业计算），将导线测量内外业全部贯穿起来，有利于学生对全站仪基本功能的操作、导线测量的原理、实施步骤有着清晰的理解，既能够提高学生实训效率，也能培养学生进行测量工作的严肃性和神圣感。

【项目任务】

任务一　全站仪的使用。

任务二　测回法水平角观测。

任务三　垂直角观测。

任务四　距离观测。

任务五　导线测量。

任务六　导线测量内业计算。

【项目成果】

1. 全站仪使用考核表。
2. 水平角观测记录计算手簿。
3. 垂直角观测记录计算手簿。
4. 距离观测记录计算手簿。
5. 导线测量外业记录表。
6. 光电测距导线测量成果计算表。

任务一　全站仪的使用

码 2-2　全站仪的使用

一、目的与要求

(1) 认识全站仪各部件的名称和作用。

(2) 熟练掌握全站仪的对中、整平。

二、实训准备

全站仪、三脚架。

三、步骤与方法

(一)全站仪对中

对中的目的是使全站仪仪器中心与标石中心在同一铅垂线上。对中可通过光学对中器来完成。其步骤如下:

(1)架设仪器。

(2)调整光学对中器目镜焦距,使对中器的圆圈标志清晰;调整光学对中器物镜焦距,使地面影像清晰。

(3)固定三脚架的一条架腿于适当位置,两手分别握住另外两条架腿,移动这两条架腿的同时,从光学对中器中观察,使对中器中心精确对准标石中心(见图 2-1-1)。

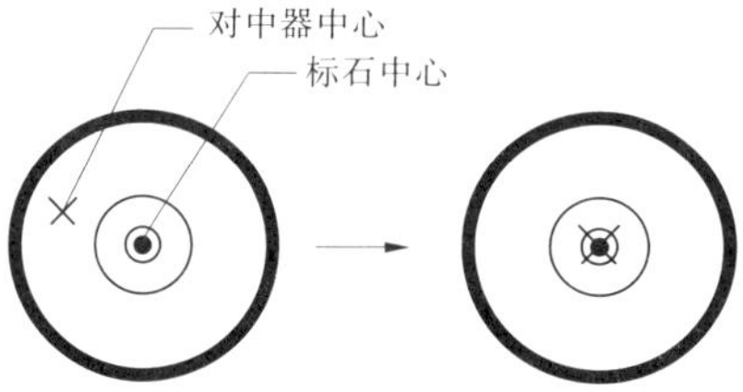

图 2-1-1　全站仪对中示意图

对中后应及时固紧连接螺旋和架腿固定螺旋。检查对中偏差,应在大约 90°的两个方向上检查。在坚实地面上设站时,应将脚架腿用绳子绑住或用砖、石顶住,以防架腿滑动。

(二)全站仪的整平

整平的目的是让全站仪的水平度盘处于水平位置。整平工作包括粗平和精平两步。

1. 粗平

粗平是通过调节(升降)脚架腿使圆水准器气泡居中。粗平时,首先观察圆水准器气泡的位置,气泡在哪边说明哪边高。然后通过调节相对应的脚架腿的长度来调整仪器的高度。为了防止三脚架滑动,可用脚踩稳脚架腿。

2. 精平

精平通过调节脚螺旋实现。让管水准器和两个脚螺旋平行,以管水准器气泡的运动方向和左手大拇指的运动方向一致为原则,判断气泡位置并通过左右手旋转脚螺旋来调整。气泡居中后,将照准部旋转 90°,根据气泡的位置调节第三个脚螺旋。重复上述操作,直至管水准器气泡在任何方向都是居中结束。

精平结束后,应重新检查对中情况,如果偏离较小,可松开中心螺旋,通过平推仪器来调节对中,平推仪器后要重新检查精平。此过程是一个循环往复的过程,要保证仪器对中完好,管水准器气泡居中;精平后,若圆水准器气泡不居中,可不理会,只要保证管水准器气泡居中即可。

四、注意事项

(1)全站仪属精密仪器,使用时必须严格按照操作程序,精心爱护。在任何时候,仪器必须有人看管,做到“人不离仪器”,特别是校内实训时,应随时注意篮球、足球、排球等飞来物可能对仪器的伤害。

(2)实训前应对仪器进行详细检查。开箱后提取仪器前,要看清楚仪器在箱内放置的方式和位置;取出仪器时,必须握住提手;将仪器从仪器箱取出或装入仪器箱时,应握住仪器提手并托住基座,不可握住显示单元的下部。切不可拿仪器的镜筒,否则会影响内部固定部件,从而降低仪器的精度。仪器用毕,及时关机。装箱时各部位要放置妥帖,合上箱盖时应无障碍。

(3)使用全站仪前,应先将全站仪的脚螺旋和微动螺旋旋至中间位置,以方便对中整平的操作。使用微动螺旋时,应先旋紧制动螺旋。转动仪器时,应先松开制动螺旋,然后平稳转动。切勿强行旋转照准部和望远镜,以防对仪器造成损害。外业工作完毕后应将脚螺旋和微动螺旋旋至中间位置。

(4)仪器任何部分发生故障时,不可勉强使用,应立即检修,否则会加剧仪器的损坏程度。

(5)操作过程中,除正常操作仪器螺旋外,尽量不要用手扶仪器及脚架,以免碰动仪器,影响观测精度。圆水准器气泡偏离超过一格时,应在整平后重新进行观测。仪器操作必须由一人独立完成,若因故换人,必须先检查中心螺旋是否旋上或拧紧,以防操作或搬站时将仪器摔下。

五、实训成果

全站仪使用考核表

日期:________　天气:________　仪器:________

组别:________　姓名:________　学号:________

项目	常见不规范操作	考核	用时	问题	解决方法
1. 架设	忘记关箱				
	脚架架设高度				
	换手				
	脚架螺旋未拧紧				
	三脚架平台不水平				
2. 对中	光学对中器目(物)镜清晰程度				
3. 整平	粗平时虎口位置未卡住脚架				
	精平气泡偏移超出要求				

六、成绩考核

(1)自我评价与组员互评。

自我评价与组员互评

项目名称					
实训场地		组别姓名		班级学号	
序号	考核项	分值	实训要求	自我评定	备注
1	实训态度、思想意识	20	实训态度认真,思想意识高		
2	实训纪律	10	遵守实训纪律,服从老师、组长管理		
3	团队协作	20	团队协作能力强,配合其他组员完成任务		
4	实训内容完成情况	20	能独立完成各实训内容		
5	实训内容完成时间	10	能按时完成各实训内容		
6	实训安全情况	10	实训安全无事故		
7	分析问题和解决问题的能力	10	分析和解决实训问题的能力强		
实训总结与反思:					
组长评价:________ 小组其他同学评价:________					

(2)教师评价。

实训指导教师评价

项目名称					
实训场地		组别姓名		班级学号	
序号	考核项	分值	实训要求	考核评定	备注
1	实训态度、思想意识	20	实训态度认真,思想意识高		
2	实训纪律	10	遵守实训纪律,服从老师、组长管理		
3	团队协作	20	团队协作能力强,配合其他组员完成任务		
4	实训内容完成情况	20	能独立完成各实训内容		
5	实训内容完成时间	10	能按时完成各实训内容		
6	实训安全情况	10	实训安全无事故		
7	分析问题和解决问题的能力	10	分析和解决实训问题的能力强		
存在问题:					
指导教师:________ 评价时间:______年____月____日					

任务二 测回法水平角观测

码 2-3 测回法水平角观测

一、目的及要求

(1)掌握测回法水平角观测操作步骤。

(2)掌握测回法水平角观测、记录和计算方法。

二、实训准备

全站仪一套,觇标(棱镜)两套,记录手簿、铅笔等。

三、步骤与方法

在现场选择三点进行水平角测回法观测,如图 2-2-1 所示,其中 OA 和 OB 要相互通视,距离适当,不宜过远或太近。本次实训进行的是两个测回的观测,观测顺序如下:

图 2-2-1 水平角测回法观测

本次实训需要进行两个测回的观测,在测回法水平角测量过程中,各测回配置度盘值按下式计算:

$$\delta = \frac{180^\circ}{n}(i - 1)$$

式中,δ 为某测回度盘配置的度数;n 为总的测回数;i 为当前测回数。

第一测回:

(1)在所选定的测站点 O 上安置仪器,包括对中、整平。

(2)盘左位置,顺时针转动照准部照准起始方向 A,消除视差,转动水平微动螺旋精确照准 A 方向并置零,读取水平度盘读数, 记录于表 2-2-1(1)处。

(3)松开水平和垂直制动螺旋,顺时针转动照准部对准 B 方向后制动,用水平微动螺旋精确照准 B 方向,记录员复诵后记录于表 2-2-1(2)处。以上操作称为上半测回。

(4)纵转望远镜变为盘右位置,逆时针转动照准部照准 B 方向并读数,记于表 2-2-1(3)处。

(5)逆时针转动照准部，照准 A 方向并读数，记于表 2-2-1(4)处。以上操作称为下半测回。

上、下两个半测回合称一个测回。

第二测回：

(1)盘左位置，顺时针转动照准部照准起始方向 A，消除视差，转动水平微动螺旋精确照准 A 方向并置盘 90°，读取水平度盘读数，记录于表 2-2-1(1)处。

(2)以下操作同第一测回的(2)、(3)、(4)、(5)。

测回法观测数据计算方法：

上半测回的两个方向值均各自减去表 2-2-1 中的方向值，则表 2-2-1(5)～(11)处计算如下：

(5)=(1)-(1)

(6)=(2)-(1)

(7)=(3)-(4)

(8)栏同第(5)栏

$$(9)=\frac{1}{2}[(6)+(7)]$$

第(6)和(7)栏之差为上、下半测回较差。使用 2″级全站仪观测，各测回同一方向值较差不超过±9″。满足限差要求时，则可计算第(9)栏。

如观测多个测回，则可计算各个测回平均方向。各测回的第(9)栏，上、下半测回同一方向值较差不超过±13″。满足限差要求时，则取平均值记入(11)栏。

(10)= 0°00′00″

表 2-2-1　水平角观测记录计算手簿

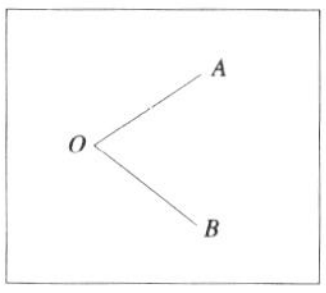

观测略图

测站：　*O*　　　　　观测者：________　记录者：________

观测日期：________　　　仪器型号与编号：________________

测回	目标点	观测读数		半测回方向 (° ′ ″)	一测回方向角 (° ′ ″)	各测回方向角 (° ′ ″)	备注
		盘左 (° ′ ″)	盘右 (° ′ ″)				
Ⅰ	*A*	(1)	(4)	(5)	(8)	(10)	
	B	(2)	(3)	(6)	(9)	(11)	
				(7)			
Ⅰ	*A*	0 00 00	179 59 59	0 00 00	0 00 00	0 00 00	
	B	69 33 54	249 33 59	69 33 54	69 33 57	69 33 58	
				34 00			
Ⅱ	*A*	90 00 00	269 59 58	0 00 00	0 00 00		
	B	159 33 55	339 34 01	69 33 55	69 33 59		
				34 03			

四、注意事项

（一）外业手簿记录及资料整理的要求

（1）外业观测记录必须在有编号的、装订成册的手簿上进行，已编号的各页不得任意撕掉，记录中间不得留下空页。

（2）读记错误的度、分值，必须在现场更改，读记错误的秒值不许改动，应重新观测。

（3）一切原始观测值和记事项目，必须在现场用钢笔或铅笔直接记录在正式外业手簿中，字迹要清楚、整齐、美观，不得涂改、擦改、重笔、转抄。手簿中各记事项目，每一测站或每一观测时间段的首末页都必须记载清楚、填写齐全。

（4）需重测的方向或需重测的测回可用从左上角至右下角的斜线划去。凡划改的数字或划去的不合格成果，均应在附注栏内注明原因。需重测的方向或测回，应注明其重测结果所在页数。废站也应整齐划去并注明原因。补测或重测结果不得记录在测错的手簿页数之前页面上。凡更改错误，均应将错误数字、文字用横线整齐划去，在其上方写出正确数字或文字。原错误数字或文字应仍能看清，以便检查。

（5）不允许连环更改，否则均应重测。如同一方向盘左、盘右、半测回方向值三者同时更改两个相关数字，即为连环涂改。

（二）重测与补测规定

因对错度盘、测错方向、读记错误、碰动仪器、气泡偏离过大以及其他原因未测定的测回，均可立即重新观测，而不算作重测测回数，称为补测。补测数没有限制。而重测通常在本点的基本测回完成后进行，其规定如下：

（1）凡超出限差规定的成果，均应进行重测。

（2）两个半测回同一方向值互差超限，应重测本测回。

（3）各测回同一方向值互差超限，应重测。

（4）基本测回成果和重测成果，应记入手簿。重测与基本测回结果不取中数，每一测回只取一个符合限差的结果。

（三）水平角观测注意事项

（1）仪器高度要和观测者的身高相适应。三脚架要踩实，仪器与脚架连接要牢固，操作仪器时不要手扶三脚架，走动时要防止碰动脚架。操作仪器要轻、稳、准，要有节奏、果断。使用各种螺旋时用力要适当，不可过猛、过大。

（2）对中要认真、仔细，特别是对于短边观测水平角时，对中要求应更严格。观测员读数后，记录员要复诵一遍，观测员无疑问后方可记入手簿中。

（3）当观测目标间高低相差较大时，更需注意仪器整平。

（4）观测目标要竖直；尽可能用十字丝中心部位瞄准目标（花杆或旗杆）底部，并注意消除视差。

（5）有阳光照射时，要打伞遮光观测。一测回观测过程中，不得再调整照准部管水准器气泡；若在一测回观测中，气泡偏离中心超过 1 格，应重新整平仪器，重新观测本测回。在成像不清晰的情况下，要停止观测。

（6）在一个测站上只有当所有观测结果全部计算、检查合格后，方可迁站。

五、实训成果

水平角观测记录计算手簿

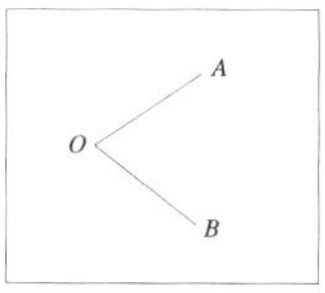

观测略图

测站：__________　　　　观测者：________　记录者：__________

观测日期：________　　　　仪器型号与编号：____________________

测回	目标点	观测读数		半测回方向	一测回方向角	各测回方向角	备注
		盘左 (° ′ ″)	盘右 (° ′ ″)	(° ′ ″)	(° ′ ″)	(° ′ ″)	

六、成绩考核

(1)自我评价与组员互评。

自我评价与组员互评

项目名称					
实训场地		组别姓名		班级学号	
序号	考核项	分值	实训要求	自我评定	备注
1	实训态度、思想意识	20	实训态度认真,思想意识高		
2	实训纪律	10	遵守实训纪律,服从老师、组长管理		
3	团队协作	10	团队协作能力强,配合其他组员完成任务		
4	外业观测精确度	10	成果精度符合限差要求		
5	记录、计算准确性与整洁性	10	记录规范、完整,计算准确		
6	实训内容完成情况	10	能独立完成各实训内容		
7	实训内容完成时间	10	能按时完成各实训内容		
8	实训安全情况	10	实训安全无事故		
9	实训考核情况	10	单项考核情况		
实训总结与反思:					
组长评价:__________　小组其他同学评价:______________________________					

(2)教师评价。

实训指导教师评价

项目名称					
实训场地		组别姓名		班级学号	
序号	考核项	分值	实训要求	自我评定	备注
1	实训态度、思想意识	20	实训态度认真,思想意识高		
2	实训纪律	10	遵守实训纪律,服从老师、组长管理		
3	团队协作	10	团队协作能力强,配合其他组员完成任务		
4	外业观测精确度	10	成果精度符合限差要求		
5	记录、计算准确性与整洁性	10	记录规范、完整,计算准确		
6	实训内容完成情况	10	能独立完成各实训内容		
7	实训内容完成时间	10	能按时完成各实训内容		
8	实训安全情况	10	实训安全无事故		
9	实训考核情况	10	单项考核情况		
存在问题:					
指导教师:______________________　评价时间:__________年______月______日					

任务三　垂直角观测

码 2-4　垂直角观测

一、目的与要求

(1)掌握垂直角观测、记录及计算方法。
(2)掌握垂直角计算的限差要求。

二、实训准备

全站仪、记录手簿、铅笔等。

三、步骤与方法

(1)在所选定的测站点 O 上安置仪器,包括对中、整平(粗平、精平);在表 2-3-1(1)处填入测回数和(2)处填入觇点名称。调整仪器至盘左位置,用粗瞄准器粗略照准目标后,旋紧垂直和水平制动螺旋,再旋转垂直微动螺旋,使望远镜十字丝的横丝精确照准目标,读取垂直度盘读数,记于表 2-3-1(3)处。

(2)松开水平和垂直制动螺旋,倒转望远镜,盘右位置逆时针转动照准部,精确照准同一部位,读取垂直度盘读数,记于表 2-3-1(4)处。完成一测回的观测记录,立即计算指标差及垂直角,填入表 2-3-1(5)、(6)处。

设盘左垂直度盘读数为 L,盘右垂直度盘读数为 R,则

垂直角:
$$\alpha = \frac{1}{2}[(R-L)-180°]$$

指标差:
$$i = \frac{1}{2}[(R+L)-360°]$$

(3)按以上(1)、(2)项重新观测第二个测回,分别记录于表 2-3-1(7)、(8)、(9)、(10)、(11)、(12)处,本测回(11)、(12)与上一测回(5)、(6)互差不超过±5″。

表 2-3-1　垂直角观测记录计算手簿

测站:<u>　O　</u>　仪器高(m):______　观测者:______　记录者:______
观测日期:______年___月___日___时___分　仪器型号与编号:______

测回	觇点	观测读数						指标差(″)	垂直角(°　′　″)			觇标高(m)	备注
		盘左(°　′　″)			盘右(°　′　″)								
(1)	(2)	(3)			(4)			(5)	(6)				
(7)	(8)	(9)			(10)			(11)	(12)				
1	A	90	30	21	269	29	05	−17	−0	30	38		
2	A	90	30	30	269	29	06	−10	−0	30	44		
									−0	30	41		

四、注意事项

(1)照准目标必须准确,同一目标必须照准同一部位。

(2)若有需要,设站时及时量取仪器高和觇标高,量至毫米。

五、实训成果

垂直角观测记录计算手簿

测站:____ 仪器高(m):__________ 观测者:_________ 记录者:____________

观测日期:_____年____月____日____时____分 仪器型号与编号:________________

测回	觇点	观测读数		指标差 (″)	垂直角 (° ′ ″)	觇标高 (m)	备注
		盘左 (° ′ ″)	盘右 (° ′ ″)				

六、成绩考核

(1)自我评价与组员互评。

自我评价与组员互评

项目名称					
实训场地		组别姓名		班级学号	
序号	考核项	分值	实训要求	自我评定	备注
1	实训态度、思想意识	20	实训态度认真,思想意识高		
2	实训纪律	10	遵守实训纪律,服从老师、组长管理		
3	团队协作	10	团队协作能力强,配合其他组员完成任务		
4	外业观测精确度	10	成果精度符合限差要求		
5	记录、计算准确性与整洁性	10	记录规范、完整,计算准确		
6	实训内容完成情况	10	能独立完成各实训内容		
7	实训内容完成时间	10	能按时完成各实训内容		
8	实训安全情况	10	实训安全无事故		
9	分析问题和解决问题的能力	10	分析和解决实训问题能力强		
实训总结与反思:					
组长评价:________　小组其他同学评价:________					

(2)教师评价。

实训指导教师评价

项目名称					
实训场地		组别姓名		班级学号	
序号	考核项	分值	实训要求	考核评定	备注
1	实训态度、思想意识	20	实训态度认真,思想意识高		
2	实训纪律	10	遵守实训纪律,服从老师、组长管理		
3	团队协作	10	团队协作能力强,配合其他组员完成任务		
4	外业观测精确度	10	成果精度符合限差要求		
5	记录、计算准确性与整洁性	10	记录规范、完整,计算准确		
6	实训内容完成情况	10	能独立完成各实训内容		
7	实训内容完成时间	10	能按时完成各实训内容		
8	实训安全情况	10	实训安全无事故		
9	分析问题和解决问题的能力	10	分析和解决实训问题的能力强		
存在问题:					
指导教师:________　评价时间:______年____月____日					

任务四　距离观测

码 2-5　距离观测

一、目的与要求

(1)了解距离测量参数和设置方法。

(2)掌握距离测量的操作和记录方法。

二、实训准备

全站仪、三脚架、棱镜、记录板、测距记录表、铅笔、小刀。

各级测距仪观测结果各项较差的限差见表 2-4-1。

表 2-4-1　各级测距仪观测结果各项较差的限差

仪器等级	一测回读数较差(mm)	单测回间较差(mm)	往返或不同时段较差
Ⅰ级	5	7	$2(a+b\times D)$
Ⅱ级	10	15	

注:a 为固定误差;b 为比例误差系数;D 为测距边长度,km。

三、步骤与方法

(1)在所选定的测站点 O 上安置仪器,包括对中、整平(粗平、精平)。

(2)全站仪开机后,在设置界面将测区的实际气压和温度输入全站仪,查看所用棱镜的棱镜常数,也输入全站仪进行设置。

(3)盘左位置照准目标安置的棱镜中心 A,按距离测量键(屏幕显示中:*HD* 为平距,*VD* 为高差)测取平距。

(4)重复步骤(3)获取多次距离测量结果,每一测回共获取四次读数,分别记录于表 2-4-2(1)、(2)、(3)、(4)处;四次读数互差不超过±5 mm,并计算平均值填入表 2-4-2(5)处。

(5)重复以上(2)、(3)、(4)步骤观测第二测回,分别填入表 2-4-2(6)、(7)、(8)、(9)处,互差不超过±5 mm;计算平均值填入表 2-4-2(10)处。

(6)两测回间互差不超过±7 mm,即$|(5)-(10)|\leq 7$ mm。满足限差计算各测回平均值后填入表 2-4-2(11)处。

表 2-4-2　距离观测记录计算手簿

测站至觇点	测回数	斜距读数					备注
		读数 Ⅰ (m)	读数 Ⅱ (m)	读数 Ⅲ (m)	读数 Ⅳ (m)	中数 (m)	
O—A		(1)	(2)	(3)	(4)	(5)	
O—A		(6)	(7)	(8)	(9)	(10)	
						(11)	
O—A	1	10.098	10.098	10.099	10.099	10.099	

四、注意事项

(1)及时获取所测地区的气压和温度,并进行设置。

(2)查看并输入仪器常数和棱镜常数。

五、实训成果

距离观测记录计算手簿

测站:______　　观测者:________　　记录者:__________

观测日期:________　　仪器型号与编号:______________________

测站至觇点	斜距读数					备注
	读数 Ⅰ (m)	读数 Ⅱ (m)	读数 Ⅲ (m)	读数 Ⅳ (m)	中数 (m)	

六、成绩考核

（1）自我评价与组员互评。

自我评价与组员互评

项目名称					
实训场地		组别姓名		班级学号	
序号	考核项	分值	实训要求	考核评定	备注
1	实训态度、思想意识	20	实训态度认真，思想意识高		
2	实训纪律	10	遵守实训纪律，服从老师、组长管理		
3	团队协作	10	团队协作能力强，配合其他组员完成任务		
4	外业观测精确度	10	成果精度符合限差要求		
5	记录、计算准确性与整洁性	10	记录规范、完整，计算准确		
6	实训内容完成情况	10	能独立完成各实训内容		
7	实训内容完成时间	10	能按时完成各实训内容		
8	实训安全情况	10	实训安全无事故		
9	分析问题和解决问题的能力	10	分析和解决实训问题的能力强		
实训总结与反思：					
组长评价：＿＿＿＿＿＿　小组其他同学评价：＿＿＿＿＿＿＿＿＿＿＿＿＿＿＿＿					

（2）教师评价。

实训指导教师评价

项目名称					
实训场地		组别姓名		班级学号	
序号	考核项	分值	实训要求	考核评定	备注
1	实训态度、思想意识	20	实训态度认真，思想意识高		
2	实训纪律	10	遵守实训纪律，服从老师、组长管理		
3	团队协作	10	团队协作能力强，配合其他组员完成任务		
4	外业观测精确度	10	成果精度符合限差要求		
5	记录、计算准确性与整洁性	10	记录规范、完整，计算准确		
6	实训内容完成情况	10	能独立完成各实训内容		
7	实训内容完成时间	10	能按时完成各实训内容		
8	实训安全情况	10	实训安全无事故		
9	分析问题和解决问题的能力	10	分析和解决实训问题的能力强		
存在问题：					
指导教师：＿＿＿＿＿＿＿＿＿＿＿＿　评价时间：＿＿＿＿＿年＿＿＿月＿＿＿日					

任务五　导线测量

码 2-6　导线测量

一、目的与要求

(1)熟悉和掌握导线测量的作业程序、导线观测记录手簿要求与方法。

(2)掌握导线测量中全站仪和棱镜的架设、迁站方法。

二、实训准备

全站仪、三脚架、棱镜、钢卷尺、记录板、记录手簿、铅笔等。

三、步骤与方法

为提高作业效率和精度,应在同一测站,同时完成水平角观测和距离观测。

1. 水平角观测

水平角观测按三级导线要求,测角中误差为±12″。使用2″全站仪采用测回法进行观测一个测回,上、下半测回较差要求不超过±13″;各测回互差要求不超过±9″。

方位角闭合差应不超过 $\pm 24\sqrt{n}$ (n 为测站数)。水平角观测按测回法的要求进行(见表2-5-1)。上半测回(盘左)顺时针照准第1个方向,然后顺时针照准第2个方向;倒镜(盘右)逆时针照准第2个方向,而后逆时针照准第1个方向,完成一个测回的观测。观测过程中,觇标对中整平一定要严谨,尽量先照准底部,通过望远镜上仰照准棱镜(距离较近时可用铅笔代替觇标)。

表2-5-1　导线测量的主要技术要求

等级	闭合环或附合导线长度(km)	平均边长(m)	测距中误差(mm)	测角中误差(″)	导线全长相对闭合差
三等	≤15	3 000	≤18	≤1.5	≤1/60 000
四等	≤10	1 600	≤18	≤2.5	≤1/40 000
一级	≤3.6	300	≤15	≤5	≤1/14 000
二级	≤2.4	200	≤15	≤8	≤1/10 000
三级	≤1.5	120	≤15	≤12	≤1/6 000

实训安排在校园内时,由于边长较短,一定要认真进行对中、整平(距离较短时,尤其是要注意仪器对中和照准)。

2. 距离观测

用全站仪进行单向观测,读数次数可根据读数的离散程度和大气透明度做适当增减,本实训要求读数 4 次,其较差不超过±5 mm。

一测站的水平角观测完成后,在未动仪器的情况下立即进行垂直角观测和距离观测(斜距)。在相邻导线点上安置反射棱镜(包括对中、整平),并将棱镜对准全站仪方向。

(1)首先用全站仪对准觇标上的特定部位,固定水平制动螺旋,然后进行垂直角观测。观测 2 个测回(注意每次读数前一定先使圆水准器气泡居中),其垂直角互差和指标互差均应不超过限差,满足要求后将垂直角取中数。

(2)垂直角测完后,通过全站仪控制面板上的测距键显示出斜距。读数 4 次,不超限时取其中数。

(3)根据斜距 S 和垂直角 α,计算出平距。其公式为:

$$D = S\cos\alpha$$

式中,D 为测距边的水平距离;S 为经气象改正、加常数、乘常数等改正后的斜距;α 为观测得到的垂直角(中数)。

按上述作业方法测完所有水平角和距离(平距)即可。

四、注意事项

(1)水平角观测时附合导线宜测左角,闭合导线宜测内角。应根据现场情况,使用最有效率的观测顺序进行测量。

(2)测量过程中,要严格按照仪器操作规范的要求进行,及时进行修补测。观测记录手簿不能有污画,且符合记录规范。

(3)当观测短边之间的转折角时,测站偏心和目标偏心对转折角的影响将十分明显。因此,应对所用仪器和光学对中器进行严格检校,并且要特别仔细地进行对中和精确照准。

五、实训成果

导线观测外业记录手簿

测站:______　仪器高(m):__________　观测者:____________　记录者:__________

观测日期:________年____月____日____时____分　仪器型号与编号:______________

水平角观测:

测回	目标点	观测读数		半测回方向 (°　′　″)	一测回方向角 (°　′　″)	各测回方向角 (°　′　″)	备注
		盘左 (°　′　″)	盘右 (°　′　″)				

垂直角观测:

测回	觇点	观测读数		指标差 (″)	垂直角 (°　′　″)	觇标高 (m)	备注
		盘左 (°　′　″)	盘右 (°　′　″)				

距离观测:

测站至觇点	斜距读数					平距计算 (m)	备注
	读数Ⅰ (m)	读数Ⅱ (m)	读数Ⅲ (m)	读数Ⅳ (m)	中数 (m)		

六、成绩考核

(1)自我评价与组员互评。

自我评价与组员互评

项目名称					
实训场地		组别姓名		班级学号	
序号	考核项	分值	实训要求	自我评定	备注
1	实训态度、思想意识	20	实训态度认真,思想意识高		
2	实训纪律	10	遵守实训纪律,服从老师、组长管理		
3	团队协作	10	团队协作能力强,配合其他组员完成任务		
4	外业观测精确度	10	成果精度符合限差要求		
5	记录、计算准确性与整洁性	10	记录规范、完整,计算准确		
6	实训内容完成情况	10	能独立完成各实训内容		
7	实训内容完成时间	10	能按时完成各实训内容		
8	实训安全情况	10	实训安全无事故		
9	实训考核情况	10	单项考核情况		
实训总结与反思:					
组长评价:__________ 小组其他同学评价:______________________________					

(2)教师评价。

实训指导教师评价

项目名称					
实训场地		组别姓名		班级学号	
序号	考核项	分值	实训要求	考核评定	备注
1	实训态度、思想意识	20	实训态度认真,思想意识高		
2	实训纪律	10	遵守实训纪律,服从老师、组长管理		
3	团队协作	10	团队协作能力强,配合其他组员完成任务		
4	外业观测精确度	10	成果精度符合限差要求		
5	记录、计算准确性与整洁性	10	记录规范、完整,计算准确		
6	实训内容完成情况	10	能独立完成各实训内容		
7	实训内容完成时间	10	能按时完成各实训内容		
8	实训安全情况	10	实训安全无事故		
9	实训考核情况	10	单项考核情况		
存在问题:					
指导教师:__________________ 评价时间:__________年______月______日					

任务六　导线测量内业计算

码 2-7　导线测量内业计算

一、目的与要求

（1）熟悉掌握坐标正反算、方位角闭合差及坐标闭合差的计算与分配方法。

（2）熟悉导线计算全过程，能根据已知点成果和观测数据计算出各导线点的坐标。

（3）本次实训可以使用自测的导线数据进行计算，也可使用本书提供的案例进行计算。

二、实训准备

外业数据、计算手簿、铅笔、计算器。

导线测量的测回数及方位角闭合差见表 2-6-1。

表 2-6-1　导线测量的测回数及方位角闭合差

等级	测回数			方位角闭合差（″）
	DJ_1	DJ_2	DJ_6	
三等	8	12	—	$\pm 3\sqrt{n}$
四等	4	6	—	$\pm 5\sqrt{n}$
一级	—	2	4	$\pm 10\sqrt{n}$
二级	—	1	3	$\pm 16\sqrt{n}$
三级	—	1	2	$\pm 24\sqrt{n}$

注：n 为测站数。

三、步骤与方法

（一）附合导线

已知数据见表 2-6-2，观测略图如图 2-6-1 所示。

表 2-6-2　已知数据

点名	X	Y
A	9 975.272	1 673.328
B	9 997.771	1 071.413
C	9 454.140	1 441.782
D	9 351.726	862.153

（二）计算步骤

（1）绘制观测略图。依大致方向和比例将观测略图绘出。

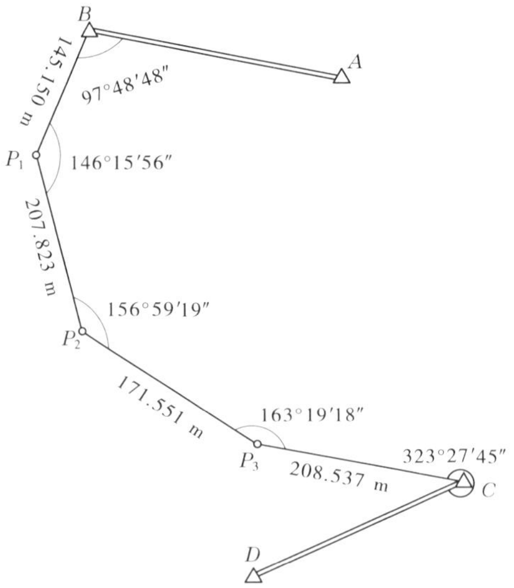

图 2-6-1　观测略图

(2)计算起始方向方位角。用已知点坐标反算起始方向的坐标方位角,计算公式为:

$$\begin{cases} R = \arctan \dfrac{\Delta y_{AB}}{\Delta x_{AB}} \quad , \quad R = \arctan \dfrac{\Delta y_{CD}}{\Delta x_{CD}} \\ \Delta y_{AB} = y_B - y_A \quad , \quad \Delta x_{AB} = x_B - x_A \\ \Delta y_{CD} = y_D - y_C \quad , \quad \Delta x_{CD} = x_D - x_C \end{cases}$$

注:①若已有已知方向的坐标方位角,可不进行上述计算。

②用计算器计算反正切函数时,由于算出的是象限角 $R(-90°<R<90°)$,要根据 B 点相对于 A 点坐标增量的正负,来判断并转换成方位角 α_{AB} 和 α_{CD}。具体方法见表 2-6-3。

表 2-6-3　象限角与方位角的关系

P 点所在象限	Δx 的符号	Δy 的符号	α 的范围	R 的符号	α 与 R 的关系
Ⅰ	+	+	$0<\alpha<90°$	+	$\alpha=R$
Ⅱ	−	+	$90° < \alpha < 180°$	−	$\alpha=180°-\lvert R\rvert$
Ⅲ	−	−	$180° < \alpha < 270°$	+	$\alpha=180°+R$
Ⅳ	+	−	$270° < \alpha < 360°$	−	$\alpha=360°-\lvert R\rvert$

(3)填写已知点数据和观测数据。将已知数据和观测数据填入表格相应栏内(见表 2-6-4),观测角填左转折角。

(4)计算观测角总和 $\sum\beta'$ 与边长总和 $\sum S$。

(5)计算方位角闭合差f_β及允许闭合差$f_{\beta允}$:

$$f_\beta = \alpha_{AB} + \sum \beta - n \times 180^\circ - \alpha_{CD}$$

$$f_{\beta允} = \pm 24\sqrt{n}\text{(按三级导线)}$$

式中,n为转折角数(包括连接角)。

计算的方位角闭合差小于允许方位角闭合差,方可继续计算;否则应检查计算(或观测)数据是否有错。若原始观测数据有错应重测,若是抄错或算错应改正重算。

(6)计算角度改正数v_{β_i}(平均配赋各角):

$$v_{\beta_i} = -\frac{f_\beta}{n}$$

角度改正数凑至整秒,改正数总和$\sum V_\beta$应等于$-f_\beta$,余数分配于短边所夹的角。

(7)推算各导线边前进方向的方位角:

$$\begin{cases} \alpha_{BP_1} = \alpha_{AB} \pm 180^\circ + \beta_1 \\ \alpha_{P_1P_2} = \alpha_{BP_1} \pm 180^\circ + \beta_2 \\ \qquad\vdots \\ \alpha_{CD} = \alpha_{P_nC} \pm 180^\circ + \beta_n \end{cases}$$

其中:$\beta_1 = \beta'_1 + v_{\beta_1}, \beta_2 = \beta'_2 + v_{\beta_2}, \cdots, \beta_n = \beta'_n + v_{\beta_n}$。

式中,β'_i为观测角;β_i为改正后角值。

推算出α_{CD}应与已知的α_{CD}一致,否则应检查纠正。

$$\begin{cases} \Delta x'_{BP_1} = S_{BP_1}\cos\alpha_{BP_1} \\ \Delta y'_{BP_1} = S_{BP_1}\sin\alpha_{BP_1} \end{cases}$$

$$\begin{cases} \Delta x'_{P_1P_2} = S_{P_1P_2}\cos\alpha_{P_1P_2} \\ \Delta y'_{P_1P_2} = S_{P_1P_2}\sin\alpha_{P_1P_2} \end{cases}$$

$$\begin{cases} \Delta x'_{P_nC} = S_{P_nC}\cos\alpha_{P_nC} \\ \Delta y'_{P_nC} = S_{P_nC}\sin\alpha_{P_nC} \end{cases}$$

$$\begin{cases} \sum \Delta x' = \Delta x'_{BP_1} + \Delta x'_{P_1P_2} + \cdots + \Delta x'_{P_nC} \\ \sum \Delta y' = \Delta y'_{BP_1} + \Delta y'_{P_1P_2} + \cdots + \Delta y'_{P_nC} \end{cases}$$

(8)坐标增量闭合差f_x、f_y,全长闭合差f_S及坐标增量改正数v_x、v_y:

$$\begin{cases} f_x = \sum \Delta x' - (x_C - x_B) \\ f_y = \sum \Delta y' - (y_C - y_B) \end{cases}$$

导线全长相对闭合差K按下式计算:

$$K = \frac{f_S}{\sum S}$$

对于图根导线,$K \leqslant 1/6\ 000$作为检核。检核合格,可以分配坐标闭合差,坐标改正数按下式计算:

$$\begin{cases} v_{x_{ij}} = \dfrac{-f_x}{\sum S} S_{ij} \\ v_{y_{ij}} = \dfrac{-f_y}{\sum S} S_{ij} \end{cases} \quad (S_{ij}\text{ 表示相邻两点距离})$$

并按 $\sum v_x = -f_x$，$\sum v_y = -f_y$ 作为检核。

坐标改正数计算结果至毫米，余数分配于长边所推算的坐标增量中。

(9)推算各导线点的坐标(x,y)：

$$\begin{cases} x_{P_1} = x_B + \Delta x'_{BP_1} + v_{x_{BP_1}} \\ y_{P_1} = y_B + \Delta y'_{BP_1} + v_{y_{BP_1}} \end{cases}$$

$$\begin{cases} x_{P_2} = x_{P_1} + \Delta x'_{P_1P_2} + v_{x_{P_1P_2}} \\ y_{P_2} = y_{P_1} + \Delta y'_{P_1P_2} + v_{y_{P_1P_2}} \end{cases}$$

$$\begin{cases} x_C = x_{P_n} + x'_{P_nC} + v_{x_{P_nC}} \\ y_C = y_{P_n} + y'_{P_nC} + v_{y_{P_nC}} \end{cases}$$

最后推算的 x_C，y_C 与已知 C 点坐标相等作为检验结果，附合导线计算表见表 2-6-4。

(三)闭合导线

1. 闭合导线计算

闭合导线计算示意见图 2-6-2。

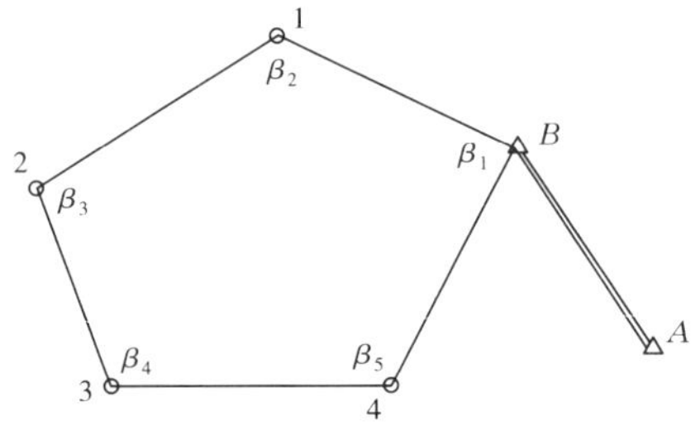

图 2-6-2　闭合导线计算示意

2. 闭合导线计算表

(1)根据已知信息完善图 2-6-2 的闭合导线略图。B 点坐标为(3 485 609. 654，20 621 170. 780)，观测角 $\beta_1 = 169°06'33''$，$\beta_2 = 131°02'36''$，$\beta_3 = 98°46'27''$，$\beta_4 = 116°23'21''$，$\beta_5 = 98°32'42''$，$\alpha_{AB} = 313°21'02''$。$S_{B1} = 243.330$ m，$S_{12} = 206.069$ m，$S_{23} = 225.961$ m，$S_{34} = 264.842$ m，$S_{4B} = 266.107$ m。

(2)计算结果见表 2-6-5。

表 2-6-4　附合导线计算表

班级学号：________　　组号：______　　姓名：__________　　观测日期：________

点号	观测角（左角）(° ′ ″)	改正数 (″)	改正角角度值 (° ′ ″)	坐标方位角 α (° ′ ″)	距离 S (m)	增量计算值 Δx (m)	改正数 (mm)	Δy (m)	改正数 (mm)	改正后增量 Δx (m)	Δy (m)	坐标值 x (m)	y (m)
(1)	(2)	(3)	(4)=(2)+(3)	(5)	(6)	(7)		(8)		(9)	(10)	(11)	(12)
A												9 975. 272	1 673. 328
				272 08 26									
B	97 48 48	-9	97 48 39									9 997. 771	1 071. 413
				189 57 05	145. 150	-142. 966	+10	-25. 084	-3	-142. 956	-25. 087		
P_1	146 15 56	-9	146 15 47									9 854. 815	1 046. 326
				156 12 52	207. 823	-190. 171	+16	+83. 818	-4	-190. 155	+83. 814		
P_2	156 59 19	-9	156 59 10									9 664. 660	1 130. 140
				133 12 02	171. 551	-117. 436	+13	+125. 054	-3	-117. 423	+125. 051		
P_3	163 19 18	-9	163 19 09									9 547. 237	1 255. 191
				116 31 11	208. 537	-93. 113	+16	+186. 595	-4	-93. 097	+186. 591		
C	323 27 45	-8	323 27 37									9 454. 140	1 441. 782
				259 58 48									
D												9 351. 726	862. 153
Σ	887 51 06	-44	887 50 22		733. 061	-543. 686	+55	+370. 383	-14	-543. 631	+370. 369		

辅助计算：

$f_\beta = \alpha_{AB} + \sum\beta - n \times 180^\circ - \alpha_{CD} = +44''$　　$f_{\beta允} = \pm 24\sqrt{n} = \pm 54''$　　$V_{\beta_i} = -\dfrac{f_\beta}{n} = -9''$

$f_x = \sum\Delta x - (x_C - x_B) = -0.055\ \text{m}$　　$f_y = \sum\Delta y - (y_C - y_B) = +0.014\ \text{m}$

$f_S = \sqrt{f_x^2 + f_y^2} = 0.057\ \text{m}$　　$K = \dfrac{f_S}{\sum S} = \dfrac{1}{12\ 861}$　　$K_{允} = \dfrac{1}{6\ 000}$

表 2-6-5　闭合导线计算表

点号	观测角 (° ′ ″)	角度改正数 (″)	改正后角度值 (° ′ ″)	坐标方位角 (° ′ ″)	距离 (m)	坐标增量 Δx 计算值 (m)	坐标增量 Δx 改正值 (mm)	坐标增量 Δx 改正后的值(m)	坐标增量 Δy 计算值 (m)	坐标增量 Δy 改正值 (mm)	坐标增量 Δy 改正后的值(m)	纵坐标 x (m)	横坐标 y (m)
A				313 21 02									
B	(169 06 33)		(169 06 33)	302 27 35	243.330	+130.597	-20	+130.577	-205.314	-11	-205.325	3 485 609.654	20 621 170.780
1	131 02 36	-7	131 02 29	253 30 04	206.069	-58.523	-17	-58.540	-197.584	-9	-197.593	3 485 740.231	20 620 965.455
2	98 46 27	-8	98 46 19	172 16 23	225.961	-223.909	-19	-223.928	+30.381	-10	+30.371	3 485 681.691	20 620 767.862
3	116 23 21	-7	116 23 14	108 39 37	264.842	-84.738	-22	-84.760	+250.920	-12	+250.908	3 485 457.763	20 620 798.233
4	98 32 42	-7	98 32 35	27 12 12	266.107	+236.673	-22	+236.651	+121.651	-12	+121.639	3 485 373.003	20 621 049.141
B	95 15 30	-7	95 15 23	302 27 35								3 485 609.654	20 621 170.780
1													
Σ	540 00 36	-36	540 00 00		1 206.309	+0.100	-100	0	+0.054	-54	0		

辅助计算

$f_\beta = \sum\beta - (n-2)\times180^\circ = +36''$　　$f_{\beta允} = \pm24\sqrt{n} = \pm54''$

$f_x = \sum\Delta x = +0.100\ \text{m}$　　$f_y = \sum\Delta y = +0.054\ \text{m}$　　$f_S = \sqrt{f_x^2 + f_y^2} = 0.114\ \text{m}$

$K = \dfrac{f_S}{\sum S} = \dfrac{1}{10\ 582}$　　$K_{允} = \dfrac{1}{6\ 000}$

闭合导线是附合导线的一种特殊情况，因此许多计算方法与附合导线相同，下面主要介绍不同之处。

(1)方位角闭合差的计算。

因图形是一闭合多边形，故方位角闭合差(角度闭合差)的计算公式为：

$$f_\beta = \sum\beta - (n-2) \times 180°$$

式中，$\sum\beta$ 为闭合导线内角(观测值)；n 为内角总个数。

方位角闭合差的允许误差为：

$$f_{\beta允} = \pm 24\sqrt{n}$$

(2)角度改正数的计算及分配角度闭合差。

按反号平均分配的原则分配角度闭合差，即每个内角分配。

$$v_{\beta_i} = -\frac{f_\beta}{n}$$

闭合差分配至整秒。如上式不能整除，可将余数凑给几个较短的边所夹的内角的改正数中。由于连接角没有参与闭合差的计算，因而也不参与改正。确定各角改正数后，应用下式进行检核：

$$\sum v_{\beta_i} = -f_\beta$$

(3)各边方位角的推算。

闭合导线的点位编号应按逆时针方向进行，这样所观测的内角都是左角，便于推算。其推算方法同附合导线。在推算时，先由起始边方位角及连接角和已知点处的内角平差值，依次推算求出其他边的方位角，并用最后一条观测边的方位角和已知点处的内角平差值，推求出第一条观测边的坐标方位角，依此进行检核。

(4)计算近似坐标增量 $\Delta x'$ 及 $\Delta y'$ 方法同附合导线。

(5)计算坐标增量闭合差 f_x、f_y 因闭合导线中的起始点和终点为同一点，所以：

$$\sum \Delta x' = -f_x, \quad \sum \Delta y' = -f_y$$

(6)计算导线全长相对闭合差，方法同附合导线。

(7)计算坐标改正数 v_x、v_y，方法同附合导线。

(8)导线点的坐标计算，方法同附合导线。

为了检核计算是否有差错，从已知点推算其他各点后，还应回到已知点起点。

四、注意事项

(1)导线计算前一定要检查手簿数据与表格填入数据是否一致。

(2)计算起始坐标方位角时注意路线的前进方向。

(3)计算时注意各项限差要求，检核各项要求，如有计算错误请重新核对计算。

(4)角度及改正数的计算取位至 1″，距离、坐标及相关改正数的计算取位至 1 mm。

(5)闭合导线计算要注意连接角或已知坐标数据不要抄错和记错，此类错误在计算过程中是不能发现的，所以在实际工作中，尽量选择使用附合导线。

五、实训成果

如图 2-6-3 所示，已知 A 点坐标（x_A = 640. 884，y_A = 1 068. 751）、C 点坐标（x_C = 524. 937，y_C = 1 597. 369）、B 点坐标（x_B = 832. 964，y_B = 1 254. 619）、D 点坐标（x_D = 812. 640，y_D = 1 726. 401），完成表 2-6-6、表 2-6-7。

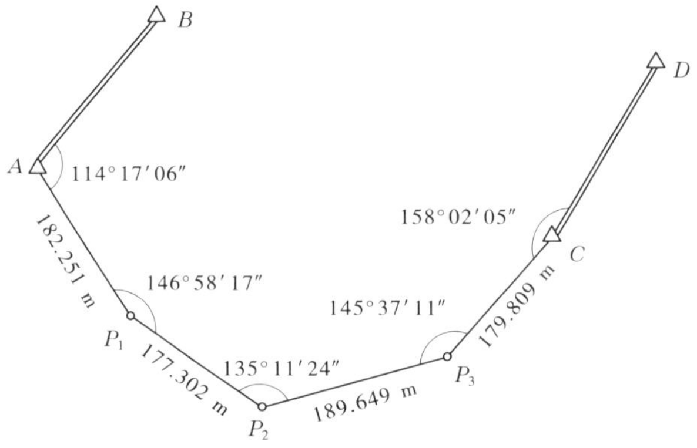

图 2-6-3　实例图

表 2-6-6 光电测距导线测量成果计算表(一)

班级学号:________ 组号:______ 姓名:__________ 观测日期:________

点号	观测角 (° ′ ″)	角度改正数 (″)	改正后角度值 (° ′ ″)	坐标方位角 (° ′ ″)	距离 (m)	坐标增量 Δx			坐标增量 Δy			纵坐标 x (m)	横坐标 y (m)
						计算值 (m)	改正值 (mm)	改正后的值(m)	计算值 (m)	改正值 (mm)	改正后的值(m)		
辅助计算	$f_\beta = \sum\beta - (n-2)\times180° =$ $f_{\beta允} = \pm 24\sqrt{n} =$					$f_x = \sum\Delta x =$ $f_S = \sqrt{f_x^2 + f_y^2} =$			$f_y = \sum\Delta y =$ $K = \frac{f_S}{\sum D} =$			$K_{允} = \frac{1}{6\ 000}$	

表 2-6-7　光电测距导线测量成果计算表(二)

班级学号:________　组号:______　姓名:__________　观测日期:________

点号	观测角 (° ′ ″)	角度改正数 (″)	改正后角度值 (° ′ ″)	坐标方位角 (° ′ ″)	距离 (m)	坐标增量 Δx			坐标增量 Δy			纵坐标 x (m)	横坐标 y (m)
						计算值 (m)	改正值 (mm)	改正后的值(m)	计算值 (m)	改正值 (mm)	改正后的值(m)		
辅助计算	$f_\beta = \sum\beta - (n-2)\times180° =$ $f_{\beta允} = \pm24\sqrt{n} =$				$f_x = \sum\Delta x =$ $f_S = \sqrt{f_x^2 + f_y^2} =$				$f_y = \sum\Delta y =$ $K = \frac{f_S}{\sum D} =$			$K_{允} = \frac{1}{6\ 000}$	

六、成绩考核

(1)自我评价与组员互评。

自我评价与组员互评

项目名称					
实训场地		组别姓名		班级学号	
序号	考核项	分值	实训要求	自我评定	备注
1	实训态度、思想意识	20	实训态度认真,思想意识高		
2	实训纪律	10	遵守实训纪律,服从老师、组长管理		
3	团队协作	10	团队协作能力强,配合其他组员完成任务		
4	外业观测精确度	10	成果精度符合限差要求		
5	记录、计算准确性与整洁性	10	记录、规范完整,计算准确		
6	实训内容完成情况	10	能独立完成各实训内容		
7	实训内容完成时间	10	能按时完成各实训内容		
8	实训安全情况	10	实训安全无事故		
9	实训考核情况	10	单项考核情况		
实训总结与反思:					
组长评价:__________ 小组其他同学评价:______________________________					

(2)教师评价。

实训指导教师评价

项目名称					
实训场地		组别姓名		班级学号	
序号	考核项	分值	实训要求	考核评定	备注
1	实训态度、思想意识	20	实训态度认真,思想意识高		
2	实训纪律	10	遵守实训纪律,服从老师、组长管理		
3	团队协作	10	团队协作能力强,配合其他组员完成任务		
4	外业观测精确度	10	成果精度符合限差要求		
5	记录、计算准确性与整洁性	10	记录规范、完整,计算准确		
6	实训内容完成情况	10	能独立完成各实训内容		
7	实训内容完成时间	10	能按时完成各实训内容		
8	实训安全情况	10	实训安全无事故		
9	实训考核情况	10	单项考核情况		
存在问题:					
指导教师:________________ 评价时间:________年______月______日					

【思政小课堂】

国测一大队:量天测地　绘我河山

量天测地,绘我山河,国测一大队精神永不息。2018年由中共中央组织部、中央广播电视总台联合录制的《榜样3》系列节目引发热议,其中国测一大队的光辉事迹让人动容,让我久久不能忘怀。国测一大队始终保持着艰苦奋斗的作风,展现着忠诚勇敢的优秀品质,传承着为祖国大好河山奉献青春的可贵精神。

艰苦奋斗,是国测一大队的鲜明标志。中华人民共和国成立初期,我国仅有约1/3的地区进行过精度较低的测绘,国测一大队从成立伊始就承担着走遍大江南北进行精确测绘的重要使命。数据记录等重要成果的获得靠的是耗资不菲的精密仪器。在一次前往新疆南湖戈壁测量的途中,装满清水的水桶漏了,共产党员、技术员吴昭璞将仅有的水囊递给一位年轻队员,让队伍撤离找水,自己则留下来看守仪器资料。他的衣服严严实实盖在设备上,设备完好无损,自己却因为缺少水源只得吃牙膏、喝墨水坚持着,当队员们找到他时,发现他一米七的身子干缩到不足四尺。即使面临着严峻考验,即使要付出极大的代价,国测一大队也依旧坚守岗位,艰苦奋斗,拼尽全力,他们做出了最正确的选择,他们无怨无悔。

忠诚勇敢,是国测一大队的耀眼勋章。祖国山河雄壮瑰丽,风景无限,但对于测量工作而言,则是前所未有的巨大考验。国测一大队的队员们往往要跋山涉水,所到之处多环境险恶、地势险要、人迹罕至,这给测绘工作带来了极大的难度。国测一大队的队员没有畏惧退缩,而是迎难而上,由老党员、老队员以身作则,带头表率,勇闯生命禁区,淋漓尽致地展现出共产党员的使命担当和模范带头作用。三次参加珠峰测绘工作的郁期青,曾在高寒缺氧、极端艰苦的条件下工作了200多天。虽然在任务后期,因得了肺水肿在医院抢救治疗,但他表示自己早就做好了思想准备,哪怕千难万险,也要把任务完成好。对党的忠诚,对使命的担当,让他们勇敢无畏,奋力向前,铸就了一段段荡气回肠的英勇事迹。

薪火相传,是国测一大队的无悔选择。国测一大队的队员们相互帮助,相互扶持,尤其是老党员、老队员率先垂范,充分发挥了传帮带机制的作用,共产党员用优良的作风影响和带动着这支队伍的成长。正因为如此,60多年来,一批批队员们前赴后继,发奋苦干,为国测一大队提供了源源不断的新力量,他们不仅继承了老一辈队员的优秀精神品质,而且务实创新、吃苦耐劳,测绘工作在国测一大队几代人的努力下不断迈向新台阶,不断开创新局面,为我国的经济和国防建设提供了坚实的保障。优良的作风始终是国测一大队内部充满凝聚力和向心力的源泉,将所有队员们拧成一股绳,心往一处想,劲往一处使,久久为功,功勋卓著。

关于国测一大队的故事还将继续,国测一大队的精神仍将继续传承。我们要做的就是见贤思齐,立足岗位,踏实工作,为党和国家的社会主义伟大事业添砖加瓦。

项目三　地形图测绘

码 3-1　项目说明

【项目说明】

本项目主要介绍地形图数据采集和内业数据处理方面的知识。本项目按照数字测图作业流程安排实训任务，包括地形图数据采集、数据通信、内业图形编辑、等高线绘制、图形整饰与注记以及图形输出几个部分。通过本项目实训任务的学习，学生能够独立完成地形图外业测绘和内业图形编辑的全部过程。同时，培养学生的团队精神和团队协作能力；培养其分析问题和解决问题的能力，形成良好的学习方法；培养学生严谨细致的工作态度。

【项目任务】

任务一　全站仪数据采集。
任务二　GNSS 数据采集。
任务三　数据通信。
任务四　内业图形编辑。
任务五　等高线绘制。
任务六　图形整饰与注记。
任务七　图形输出。

【项目成果】

1. 草图纸。
2. 手绘等高线图。
3. 数字地形图成果。
4. 纸质版地形图。

任务一　全站仪数据采集

码 3-2　全站仪数据采集

一、目的与要求

(1)熟练掌握全站仪的基本使用方法。
(2)熟练掌握全站仪的数据采集过程。

二、实训准备

全站仪一台(以拓普康全站仪为例)，脚架一个，棱镜杆一根，棱镜一个，钢卷尺一把，铅笔，图纸。

三、步骤与方法

(一)全站仪数据采集过程

在测站点安置好(对中、整平)全站仪，开机。开机后要注意设置温度、气压、棱镜常数等。

1. 建立数据采集文件

点击“MENU”键,进入菜单界面(见图 3-1-1),选择“F1:数据采集”输入测量文件名,(见图 3-1-2)。

```
菜单            1/3
 F1: 数据采集
 F2: 放样
 F3: 存储管理     P↓
```

图 3-1-1　菜单界面

```
选择文件
FN:   TEST

输入  调用   ---   回车
```

图 3-1-2　选择文件界面

“回车”进入数据采集界面(见图 3-1-3)。

2. 设置测站

在“数据采集”菜单中,选择“F1:测站点输入”。根据提示符依次输入测站信息[如点号、标示符(可不输)、仪高、测站坐标,见图 3-1-4]后,按“记录”键即可。

```
数据采集          1/2
F1: 测站点输入
F2: 后视
F3: 前视/侧视      P↓
```

图 3-1-3　数据采集界面

```
点号   >1
标示符: OCC
仪高   : 1.200
输入  查找  记录  测站
```

图 3-1-4　测站设置界面

测站点坐标输入有两种方式。一种是点击“查找”,在文件中调用已存储的坐标数据;另外一种是手工输入测站坐标,点击 F4“测站”,进入图 3-1-5 所示测站点界面,再按 F3“坐标”,进入图 3-1-6 所示坐标输入界面,输入 N、E、Z(即 *X*、*Y*、*H*)后回车确认。点击 F3“是”,依次根据提示点击记录键,记录下测站信息后,返回图 3-1-3 数据采集界面。

```
测站点
 点号: 1

输入  调用  坐标  回车
```

图 3-1-5　测站点界面

```
N: 30.480 m
E: 30.480 m
Z: 3.408 m
>OK ?       [是]  [否]
```

图 3-1-6　坐标输入界面

3. 配置后视方位角(定向)

用全站仪望远镜照准后视目标棱镜,在图 3-1-3 数据采集界面中选择“F2:后视”。进入设置后视界面,如图 3-1-7 所示。点击 F4“后视”,进入图 3-1-8 所示后视点点号输入界面。

```
后视点 >    2
编码   :     BACK
镜高   :     1.600
输入  置零  测量  后视
```

图 3-1-7　设置后视界面

```
后视
点号:    2

输入  调用  NE/AZ  回车
```

图 3-1-8　后视点点号输入界面

按 F3“NE/AZ”,进入图 3-1-9 所示后视坐标输入界面。按 F1“输入”依次输入后视点的 N、E(即 X、Y)坐标(也可按 F3“AZ”,直接输入后视方位角)。

```
N:  >
E:

输入  ----   AZ   回车
```

图 3-1-9　后视坐标输入界面

回车确认后返回图 3-1-7 所示设置后视界面。

望远镜精确照准后视目标后，点击 F3“测量”，进入图 3-1-10 所示设置后视方位角界面，选择 F3 “坐标”，全站仪自动测量出后视点坐标，并显示图 3-1-11 所示界面。如果需要记录测量出的新的后视点坐标，点击 F3 “Y”；不需要记录，点击 F4 “N”。如果后视点没有设置棱镜，无法测量坐标，也可以按 F1“角度”，直接设置后视方位角。

后视点 >	2		
编码 :	BACK		
镜高 :	1.600		
角度	斜距	坐标	---

图 3-1-10　设置后视方位角界面

N:	1000
E:	1000
Z:	100
Ok? Y	N

图 3-1-11　后视点实测坐标记录确认界面

点击“ESC”返回“数据采集”菜单。

★提示：定向时测量得到的坐标必须与已知后视坐标比对，如果满足限差规定，表示定向成功；如果差别较大，则需要查找原因，主要从两方面检查，一方面检查测站坐标、后视坐标输入是否正确，另一方面检查是否找错点位。

4. 碎部点采集

全站仪照准碎部点（地物、地貌特征点），在“数据采集”菜单中，选择“F3：前视/侧视”，进入碎部点采集界面，如图 3-1-12 所示。依次输入点号、编码、镜高，照准测量目标，点击 F3“测量”，进入采集数据选择界面，如图 3-1-13 所示，选择 F3“坐标”，全站仪自动测量目标点坐标并自动记录，返回采集菜单，点号依次增加。

点号	>	3	
编码	:	FRONT	
镜高	:	1.600	
输入	查找	测量	同前

图 3-1-12　碎部点采集界面

（二）全站仪偏心测量

1. 角度偏心测量

（1）将棱镜安置于目标物体的一侧，尽量使仪器到棱镜的距离与仪器到目标物体几何中心的距离一致。

（2）用全站仪照准棱镜中心，在图 3-1-12 所示碎部点采集界面中，选择 F3“ 测量”，进入采集数据选择界面（见图 3-1-13）。

点号	>	3	
编码	:	FRONT	
镜高	:	1.600	
角度	斜距	*坐标	偏心

图 3-1-13　采集数据选择界面

在图 3-1-13 采集数据选择界面下，选择 F4“偏心”，进入偏心测量界面（见图 3-1-14）。点击“F1：角度偏心”，进入角度偏心测量界面（见图 3-1-15）。

偏心测量	1/2
F1:　角度偏心	
F2:　距离偏心	
F3:　平面偏心	P1↓

图 3-1-14　偏心测量界面

偏心测量	
HR：120°　30′　40″	
HD	m
>照准?	[是]　[否]

图 3-1-15　角度偏心测量界面

在确保望远镜对准棱镜的情况下，点击 F3“是”，全站仪测量得到棱镜所处位置的距离（见图 3-1-16），并显示图 3-1-17 所示界面。

```
偏心测量
HR：120°  30′  40″
HD *[n]            <m
>测量…
```

图 3-1-16　目标点距离测量界面

```
偏心测量
HR：   120°30′  40″
SD：            12.345m
>OK?        [是] [否]
```

图 3-1-17　目标点方位角测量界面

转动望远镜对准待测物体的几何中心，单击 F3“是”，得到待测目标点方位角，全站仪自动计算出待测物体的几何中心的坐标，并记录下来。自动返回采集菜单，等待测量下一点。

2. 距离偏心测量

（1）在图 3-1-14 所示偏心测量界面中，点击“F2：距离偏心”，进入左右偏距输入界面（见图 3-1-18）。点击 F1“输入”，把量测好的右或左偏距值输入，回车确认后进入前后偏心距输入界面（见图 3-1-19）。

```
距离偏心
 输入 右或左偏距
 oHD：         0.000m
输入  ---  跳过   回车
```

图 3-1-18　左右偏距输入界面

```
距离偏心
 输入 向前偏心距
 oHD：         0.000m
输入  ---  跳过   回车
```

图 3-1-19　前后偏心距输入界面

（2）点击 F1“输入”，把量测好的前或后偏距值输入，回车确认后进入图 3-1-20 所示偏心点坐标测量界面。按 F2 或 F3 测量后自动计算出待测目标点坐标（见图 3-1-21），并记录下来。自动返回采集菜单，等待测量下一点。

```
点号：PT-11
编码：TOPCON
镜高：           1.200m
---  *斜距  坐标  ---
```

图 3-1-20　偏心点坐标测量界面

```
N*[n]          <<<m
E：               m
Z：               m
>测量…
--------------------
>计算…
```

图 3-1-21　待测目标点坐标计算界面

四、注意事项

（1）作业前应做好准备工作，检查全站仪电池电量是否充足。

（2）建立文件时最好以当天日期为主要文件名，后缀可以加自己的小组组号来区分。

（3）定向时应先用十字丝瞄准棱镜杆的根部，定向完需要及时检核定向是否正确。同时可以采用碎部点采集的方法采集其他控制点坐标，并与该点的已知坐标进行对比来判断定向是否正确。

（4）用草图或笔记记录绘图信息。草图的绘制要遵循清晰、易读、相对位置准确、比例尽可能一致的原则。

五、实训成果

以小组为单位，各组在校园内找到任意两个以上通视的控制点，并且任选部分碎部点进行测量，测量完成后提交草图。

六、成绩考核

(1)自我评价与组员互评。

自我评价与组员互评

项目名称					
实训场地		组别姓名		班级学号	
序号	考核项	分值	实训要求	自我评定	备注
1	实训态度、思想意识	20	实训态度认真,思想意识高		
2	实训纪律	10	遵守实训纪律,服从老师、组长管理		
3	团队协作	10	团队协作能力强,配合其他组员完成任务		
4	外业观测精确度	20	成果精度符合限差要求		
5	实训内容完成情况	20	能独立完成各实训内容		
6	实训安全情况	10	实训安全无事故		
7	分析问题和解决问题的能力	10	分析和解决实训问题能力强		
实训总结与反思:					
组长评价:________　小组其他同学评价:________________					

(2)教师评价。

实训指导教师评价

项目名称					
实训场地		组别姓名		班级学号	
序号	考核项	分值	实训要求	考核评定	备注
1	实训态度、思想意识	20	实训态度认真,思想意识高		
2	实训纪律	10	遵守实训纪律,服从老师、组长管理		
3	团队协作	10	团队协作能力强,配合其他组员完成任务		
4	外业观测精确度	20	成果精度符合限差要求		
5	实训内容完成情况	20	能独立完成各实训内容		
6	实训安全情况	10	实训安全无事故		
7	分析问题和解决问题的能力	10	分析和解决实训问题能力强		
存在问题:					
指导教师:________________　评价时间:________年______月______日					

任务二　GNSS 数据采集

码 3-3　GNSS 数据采集

一、目的与要求

(1)掌握基准站与流动站组成的各部件及其连接。

(2)掌握基准站和流动站设置。

(3)掌握利用公共点求转换参数。

(4)掌握 GNSS 数据采集过程。

(5)了解 GNSS 数据采集注意事项。

二、实训准备

RTK 接收机及附属设备(以灵锐 S86 为例,数量 2 套),手簿,脚架,对中杆,钢卷尺一把,铅笔,图纸。

三、步骤与方法

(一)基准站架设与天线高量取

操作:架设仪器到已知点上,对中、整平→将测高片夹在连接头与接收机主机之间[见图 3-2-1(a)]→由测高片量测边量至标石(或其他标志)或地面点中心顶端[见图 3-2-1(b)]。

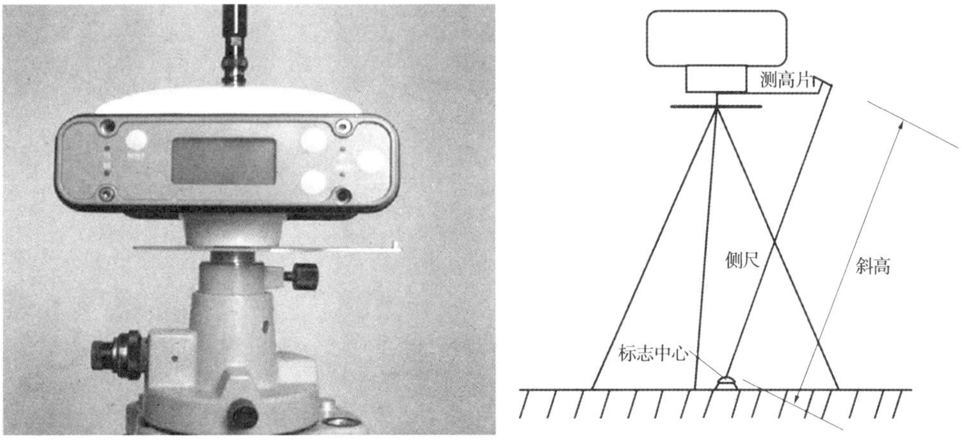

(a)　(b)

图 3-2-1　仪器连接与天线高量取

说明:点位选择要考虑 RTK 基准站点位要求与作业的方便。天线高量取应在互成 120°的脚架空隙处量取三次,取平均值,且量取的高为斜高。基站上安装时需采用长天线。

(二)基准站模式与内置电台模式的选择设置

操作 1:按【电源】键开机→出现灵锐 S86 时,按【F2】键→按【F1】或【F2】键选择“设置工作模式”，按【电源】键确定→按【F1】或【F2】键选择“基准站模式”→按【电源】键确定，见图 3-2-2。

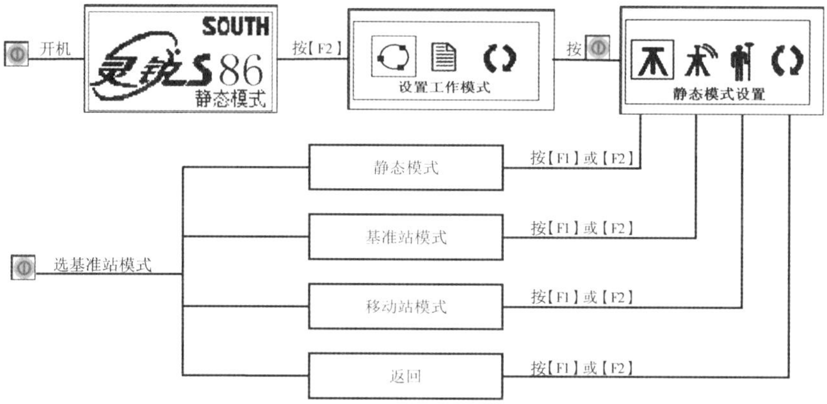

图 3-2-2　基准站模式选择

操作 2：进入基准站模式后，按【F1】或【F2】键，到“修改”，按【电源】键确定，就可以对差分格式、发射间隔及记录数据进行修改[见图 3-2-3(a)]→按【F1】或【F2】键，移动到差分格式后，按【电源】键确定[见图 3-2-3(b)]→按【F1】或【F2】键移动到其中一个格式(如：RTCA)，按【电源】键确定[见图 3-2-4(a)]。设置完成后，按【F1】或【F2】键移动到【开始】，按【电源】键确定(发射间隔与记录格式的设置同差分格式)→进入“模块设置”界面[见图 3-2-4(b)]。

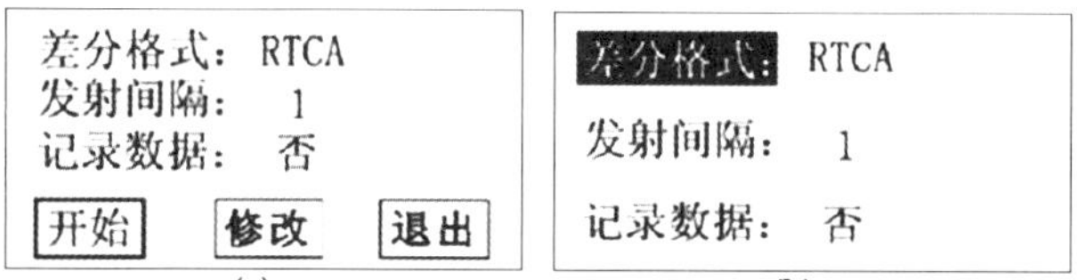

(a)　　(b)

图 3-2-3　修改差分格式

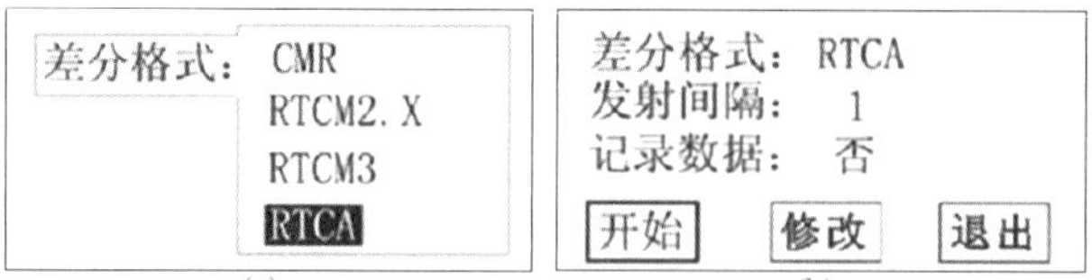

(a)　　(b)

图 3-2-4　选择差分格式

说明：灵锐 S86 支持的差分格式有以下几种：CMR、RTCM2. X、RTCA、RTCM3、DGPS。

操作 3：“模块设置”界面下，按【F1】或【F2】键，选择【修改】，按【电源】键确定。按【F1】或【F2】键选择“数据链”，按【电源】键进入[见图 3-2-5(a)]→按【F1】或【F2】键选择“电台”，按【电源】键确定[见图 3-2-5(b)]。

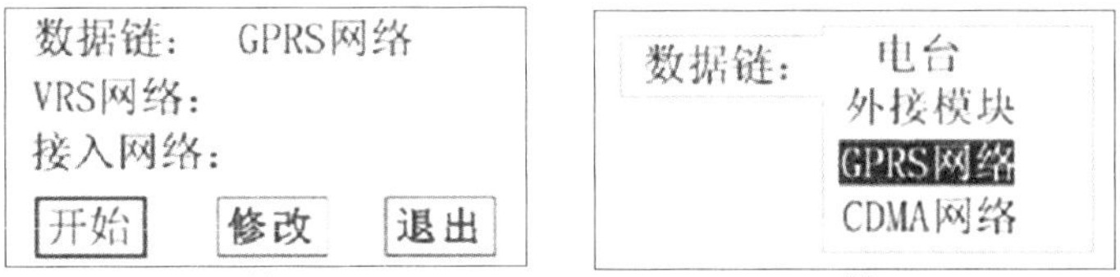

(a)　　(b)

图 3-2-5　内置电台模式

操作 4:按【F1】或【F2】键选择“通道”,按【电源】键确定进入[见图 3-2-6(a)]。按【F1】或【F2】键选择通道(如通道 1),按【电源】键确定[见图 3-2-6(b)]→按【F1】或【F2】键移动到【开始】,按【电源】键确定,电台、通道设置完成。

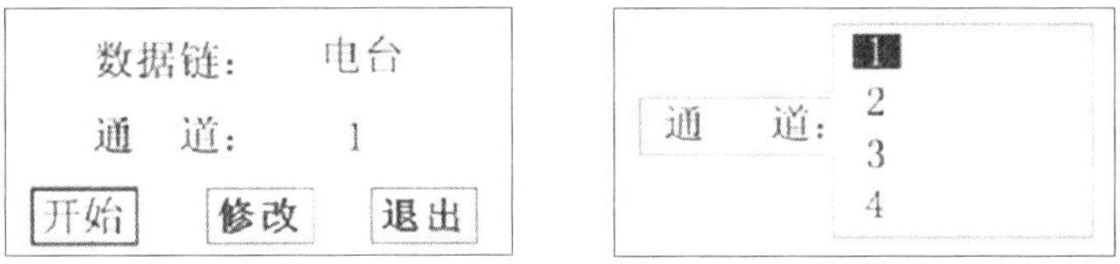

(a)　　(b)

图 3-2-6　通道设置

说明:通道选择其中任一个即可,基站与流动站需保持一致。

(三)通过蓝牙建立手簿和基站接收机的连接

操作:打开手簿,点击【我的设备】→【控制面板】→【Bluetooth 设备属性】→【扫描设备】[见图 3-2-7(a)]→找到基准站接收机设备后,点击【停止】[见图 3-2-7(b)]→选择搜索到的基准站设备并双击,然后双击【串口服务】,选择一个串口号(如 COM7),点击【确定】→【OK】退出。

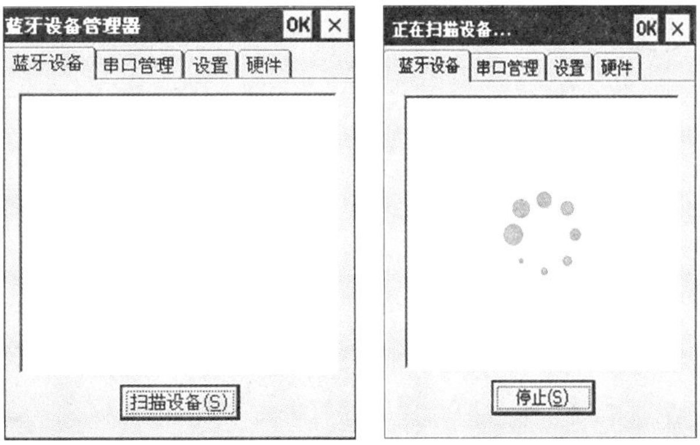

(a)　　(b)

图 3-2-7　蓝牙设备管理器与蓝牙设备搜索

说明:打开“工程之星 3.0”后,如果端口打开失败,可通过点击【配置】→【端口设置】选择与蓝牙管理器中相同的端口,波特率用 115 200,点击【确定】。

(四)基准站的启动

操作:打开“工程之星 3.0”,点击【配置】,选择【仪器设置】[见图 3-2-8(a)]→进入仪器设置界面,点击【基准站设置】[见图 3-2-8(b)]→进入基准站设置界面,输入并设置基站参数后，点击[图标]，设置基站参数[见图 3-2-9(a)]→输入基准站已知 WGS-84 坐标，点击【启动基站】，启动基准站成功[见图 3-2-9(b)]。

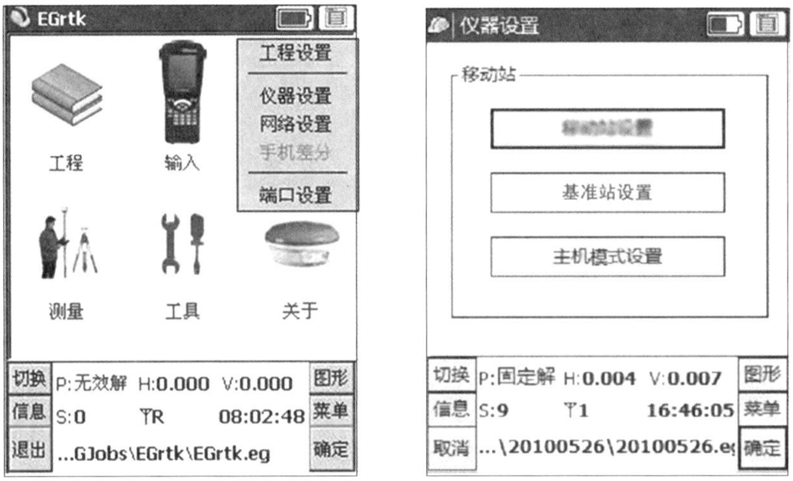

(a)　　　　(b)

图 3-2-8　工程之星 3.0 主界面与仪器设置界面

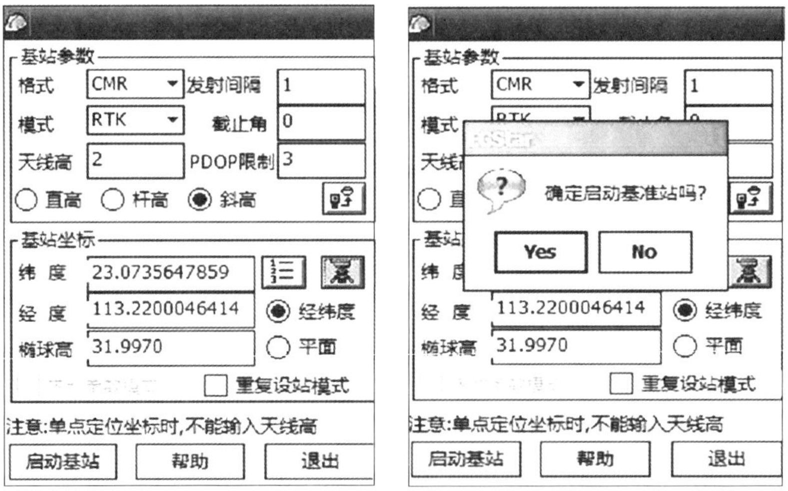

(a)　　　　(b)

图 3-2-9　基准站设置与启动界面

说明：点击右下角[图标]图标设置基站参数时，会出现“设置基站参数成功！”的提示，点击【OK】即可。基准站坐标的输入可以直接输入，也可以点击基准站坐标右边的[图标]图标，从“坐标管理库”导入需要的基准站坐标。

(五)流动站模式与内置电台模式的选择设置

详细步骤参照步骤(二)，在这里需要注意，选择模式为移动站模式。

(六)通过蓝牙建立手簿和流动站接收机的连接

详细步骤参照步骤(三)。

(七)新建工程界面

操作1:打开"工程之星3.0",点击【工程】,选择【新建工程】[见图3-2-10(a)]→进入"新建工程",输入名称,点【确定】[见图3-2-10(b)]→进入"工程设置"界面。

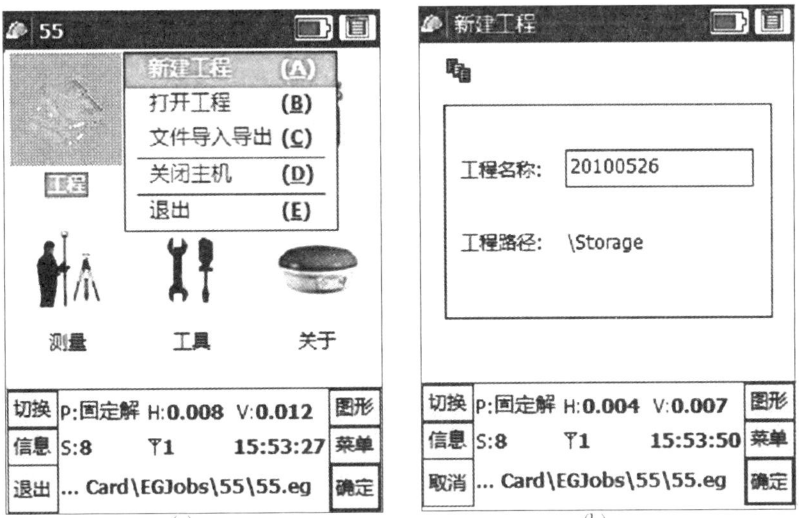

(a)　　(b)

图3-2-10　新建工程界面

操作2:在"工程设置"界面,选择【坐标系】页面,点【编辑】[见图3-2-11(a)]→进入"坐标系统编辑"界面,点【增加】或【编辑】[见图3-2-11(b)]→进入"增加参数系统"[见图3-2-12(a)]。

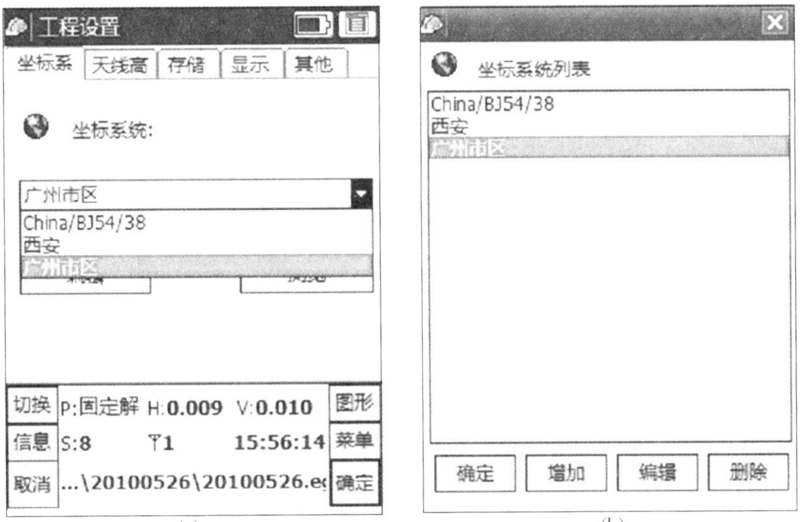

(a)　　(b)

图3-2-11　工程设置与坐标系统界面

操作3:在"增加参数系统"界面,选择【投影】页面,输入系统名,选择椭球,设置投影方式、中央子午线、东加常数、投影比例尺等信息[见图3-2-12(a)]→选择【水平】页面,设置四参数,如果要求四参数,该项无须设置[见图3-2-12(b)]。

(a)　(b)

图 3-2-12　增加参数系统(投影、水平)界面

操作 4:分别选择【高程】、【七参】页面,设置高程参数及七参数,如果要求转换参数,则这两项无须设置(见图 3-2-13)→点击【OK】,返回"坐标系统编辑"界面,点击【确定】[见图 3-2-11(b)]→返回到"工程设置"界面,从坐标系统下拉框中选择新建的坐标系统(如广州市区)[见图 3-2-11(a)]→选择【天线高】页面进入[见图 3-2-11(a)]。

(a)　(b)

图 3-2-13　增加参数系统(高程、七参)界面

操作 5:在【天线高】页面,选择【杆高】并输入杆高,点击【确定】[见图 3-2-14(a)]→选择【存储】和【显示】页面,设置后,点击【确定】[见图 3-2-14(b)]→返回工程之星 3.0 界面。

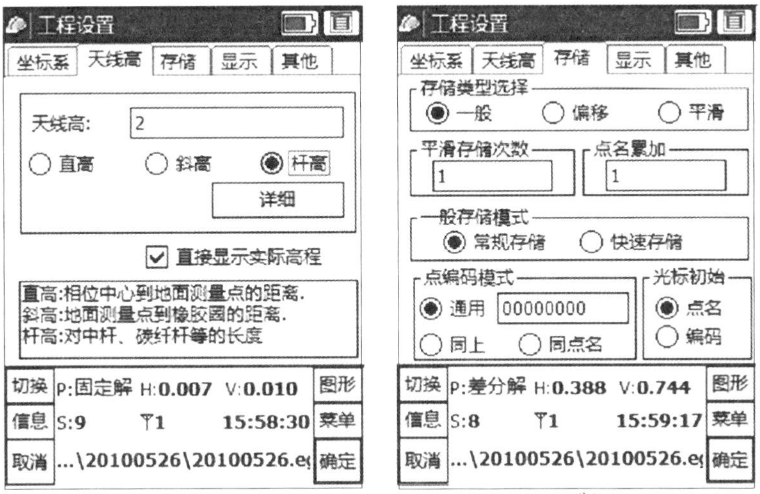

(a)　　(b)

图 3-2-14　工程设置(天线高、存储)界面

(八)已知坐标的输入

1. 地方已知坐标的输入

操作:在“工程之星”界面,点击【输入】,选择【坐标管理库】[见图 3-2-15(a)]→进入“坐标管理库”界面,点击【增加】[见图 3-2-15(b)]→进入图 3-2-16 所示界面,输入坐标名称、北坐标、东坐标、高程、编码,并从坐标类型下拉框中选择【平面坐标】,从属性类型中选择【控制点】,点击【确定】[见图 3-2-16(a)]→进入图 3-2-16(b)所示界面,新添加的坐标显示在列表中(添加更多地方已知坐标的操作与此相同)。

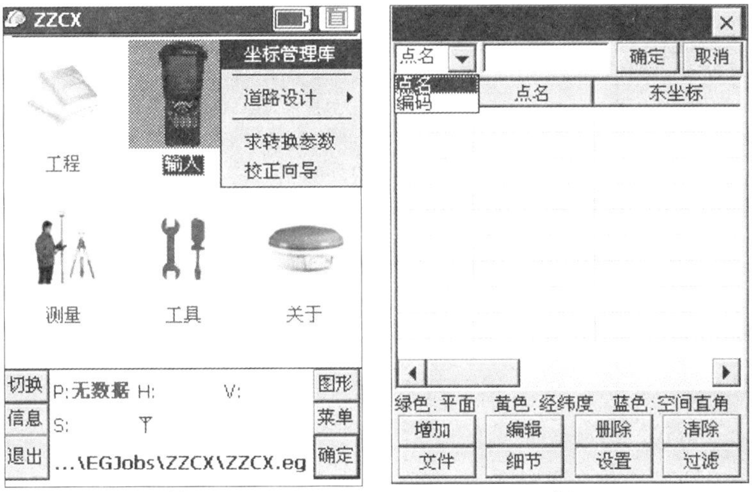

(a)　　(b)

图 3-2-15　坐标管理库界面

2. WGS-84 坐标的输入

操作:在“坐标管理库”界面,点击【增加】[见图 3-2-15(b)]→进入图 3-2-17(a)所示

界面,输入点位名称、北坐标、东坐标、高程、编码,并从坐标类型下拉框中选择【WGS84 经纬度坐标】或【WGS84 空间直角坐标】,从属性类型中选择【控制点】,点击【确定】[见图 3-2-17(a)]→进入图 3-2-17(b)界面,新添加的坐标显示在列表中(添加更多 WGS-84 坐标的操作与此相同)。

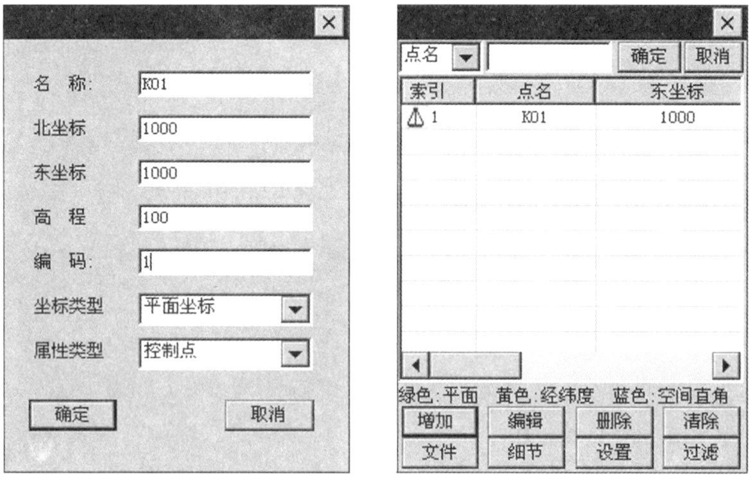

(a)　　(b)

图 3-2-16　增加地方坐标界面

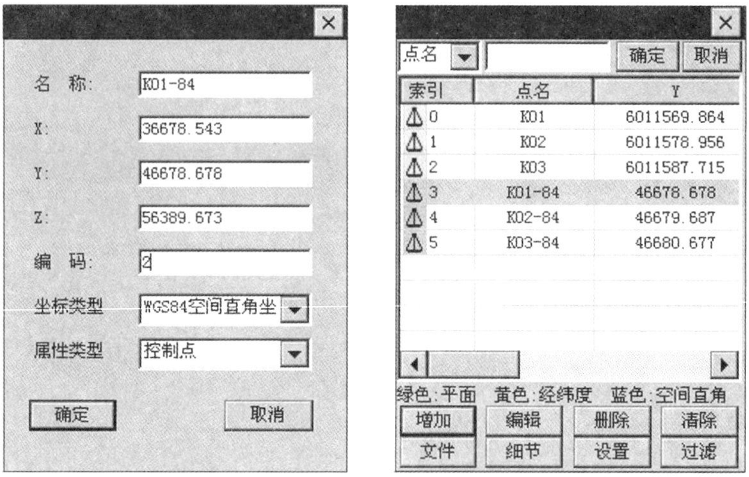

(a)　　(b)

图 3-2-17　添加 WGS-84 坐标界面

(九)点测量(获得 WGS-84 坐标)

坐标转换时,需要足够数目的已知 WGS-84 坐标,如果没有则需采用点测量法获取。

操作:在“工程之星”界面,点击【测量】,选择【点测量】[见图 3-2-18(a)]→进入“点测量”界面,将对中杆立于待测点上,达到固定解时,在手簿上按【A】存储坐标[见图 3-2-18(b)]→进入图 3-2-19(a)所示界面,修改点名或默认,输入天线高,选择【杆高】,点击【OK】存储完成→如果要查看存储的坐标,可在“坐标管理器” 中查看[见图 3-2-19(b)]。

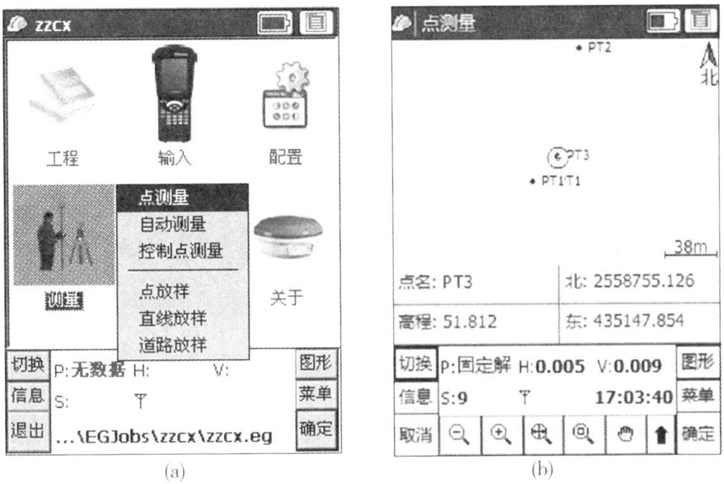

图 3-2-18　点测量界面

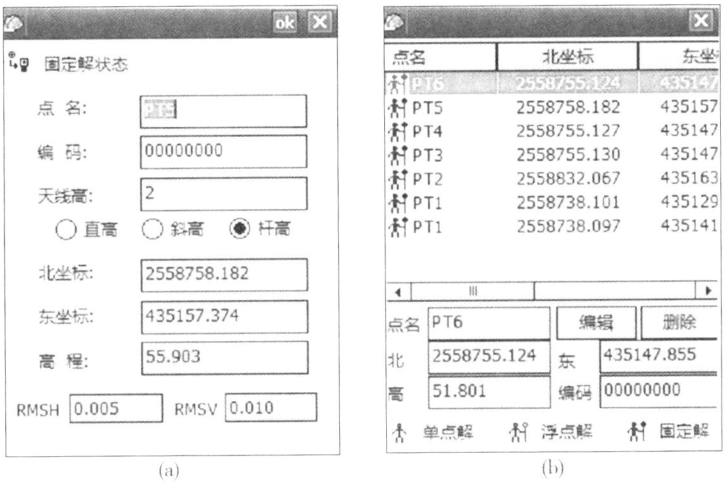

图 3-2-19　点存储与坐标查看界面

(十)坐标转换与参数求解

GNSS 接收机输出的数据是经纬度坐标,需要转化到施工测量坐标,这就需要软件进行坐标转换参数的计算和设置,转换参数就是完成这一工作的主要工具。求转换参数主要是计算四参数或七参数和高程拟合参数。

1. 四参数

操作 1:在"工程之星"界面,点击【输入】,选择【求转换参数】[见图 3-2-20(a)]→进入"求转换参数"界面,点击【设置】[见图 3-2-20(b)]→进入"求转换参数-设置"界面,点击坐标转换方法下拉框,选择【一步法】,点击【OK】[见图 3-2-21(a)]→返回"求转换参数"界面,点击【增加】[见图 3-2-20(b)]→进入"增加控制点(已知平面坐标)"界面,手动输入坐标或点击"☰"图标[见图 3-2-21(b)]→进入"坐标管理库"界面[见图 3-2-22(a)]。

操作 2:在"坐标管理库"界面,选择坐标,点击【确定】[见图 3-2-22(a)]→进入"增加控制点(已知平面坐标)"界面,选择的坐标显示如图 3-2-22(b)所示,点击【OK】→进入

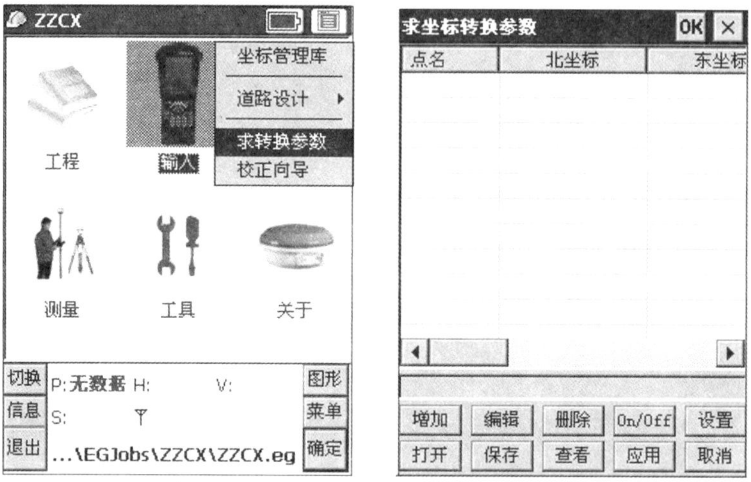

(a)　　(b)

图 3-2-20　求转换参数与求坐标转换参数界面

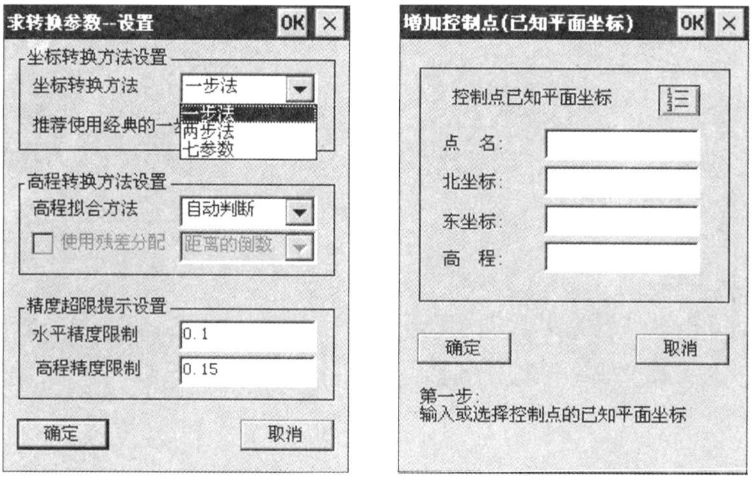

(a)　　(b)

图 3-2-21　求转换参数-设置与增加控制点(已知平面坐标)界面

"增加控制点(大地坐标)"界面[见图 3-2-23(a)]。

操作 3:在"增加控制点(大地坐标)"界面,选择其中一种方式获得 WGS-84 坐标,读取当前点坐标时,须将对中杆立于该点上获得。在此,点击【从坐标管理库选点】[见图 3-2-23(a)]→进入"坐标管理库"界面,选择坐标,点击【确定】[见图 3-2-23(b)]→进入图 3-2-24(a)。

操作 4:图 3-2-24(a)中,增加控制点(大地坐标)无问题时,点击【确定】[见图 3-2-24(a)]→进入"求坐标转换参数"界面,拖动滑动条滑动[见图 3-2-24(b)]→进入图 3-2-25(a),查看水平、高程精度以及使用平面、高程是否参与求解,点击【On/Off】→进入"使用/不使用设置"界面,选择参与坐标参数计算时是否使用平面、高程,点击【确定】[见图 3-2-25(b)]→返回"求坐标转换参数"界面[见图 3-2-25(a)],继续添加剩余的匹对的坐标,添加后,如图 3-2-26(a)所示。

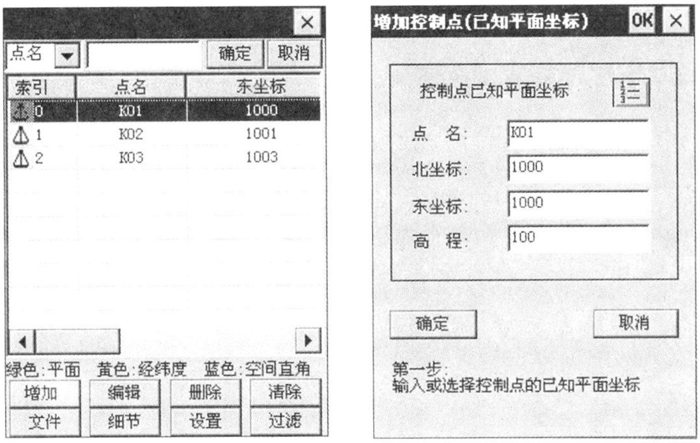

(a)　　(b)

图 3-2-22　坐标管理库与增加控制点(已知平面坐标)界面

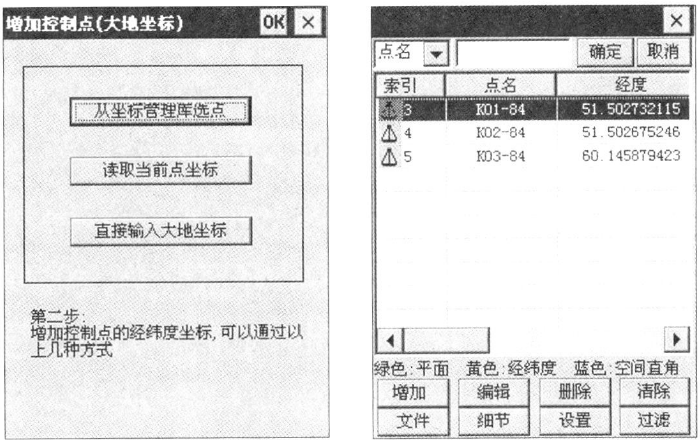

(a)　　(b)

图 3-2-23　增加控制点(大地坐标)与坐标管理库界面

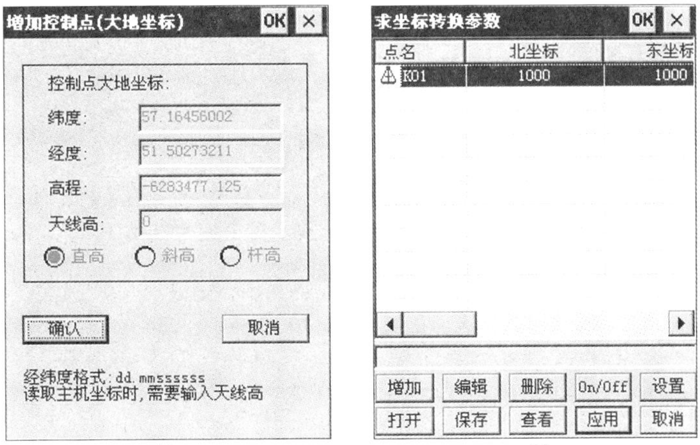

(a)　　(b)

图 3-2-24　增加控制点(大地坐标)与求坐标转换参数界面

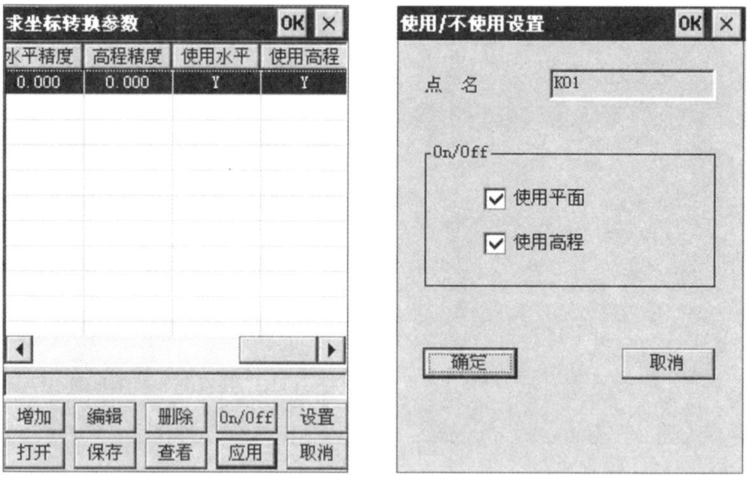

(a)　(b)

图 3-2-25　求坐标转换参数与使用/不使用设置界面

操作 5:添加完成后,点击【保存】[见图 3-2-26(a)]→如果参数求解有问题,会出现精度超限,需认真检查。合限后,点击【确定】[见图 3-2-26(b)]→进入“保存文件”界面,输入文件名,点击【OK】[见图 3-2-27(a)]→进入“求坐标转换参数”界面,并出现“保存成功”提示,点击【OK】,点击【应用】[见图 3-2-27(b)]→进入图 3-2-28(a)界面。

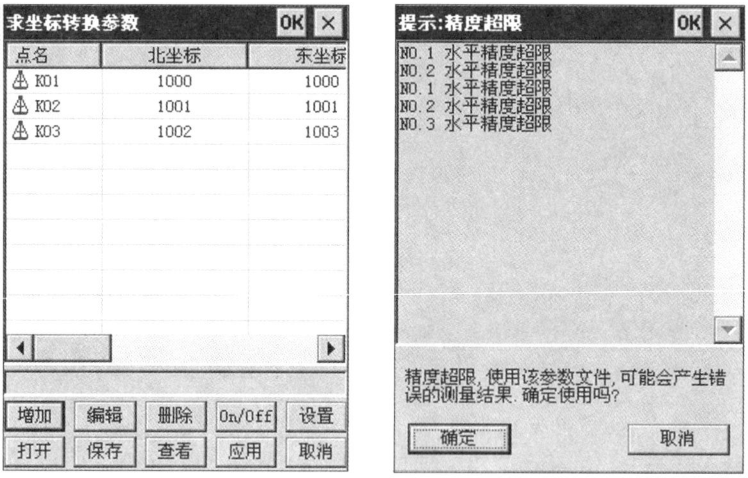

(a)　(b)

图 3-2-26　求转换参数与提示精度超限界面

操作 6:图 3-2-28(a)中,确定赋值,点击【是】→完成转换,返回主界面[见图 3-2-28(b)]。

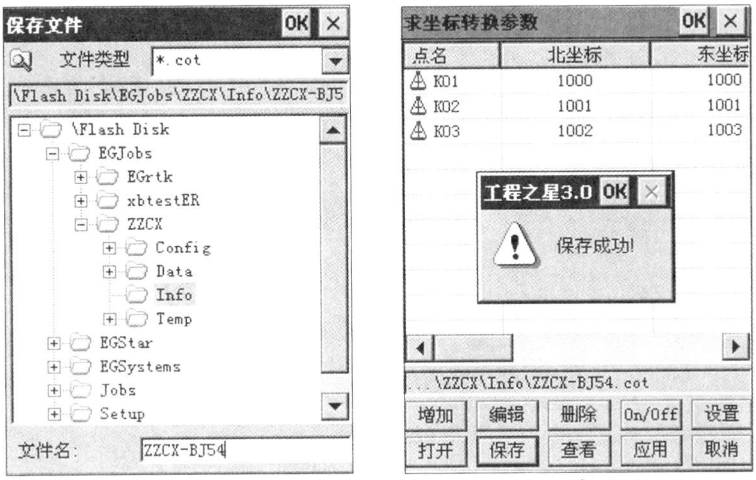

(a)　　(b)

图 3-2-27　保存文件与保存成功界面

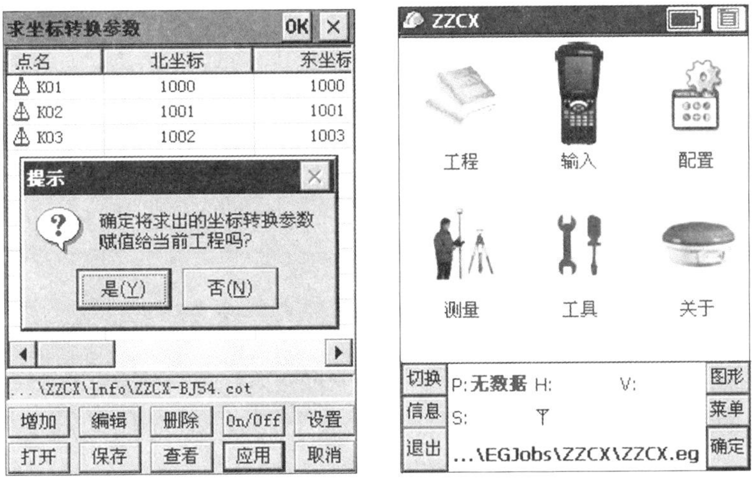

(a)　　(b)

图 3-2-28　求坐标转换参数与工程之星 3.0 界面

2. 七参数

七参数的计算操作和四参数相同,相关操作见四参数部分内容。七参数的应用范围较大(一般大于 50 km^2),计算时用户需要知道三个以上的地方已知点坐标和 WGS-84 坐标。

操作:在“工程之星”界面,点击【输入】,选择【求转换参数】→进入“求转换参数”界面,点击【设置】→进入“求转换参数-设置”界面[见图 3-2-29(a)],点击坐标转换方法下拉框,选择【七参数】,点击【OK】[见图 3-2-29(a)]→返回“求转换参数”界面,添加完匹对坐标后,点击【保存】和【应用】→主界面下,点击【配置】,选择【工程设置】,选择【坐标系】页面，点击【编辑】，选择【七参】页面，查看求解的七参数［见图 3-2-29(b)］。参数求解完成后，即可进行点测量与点放样。

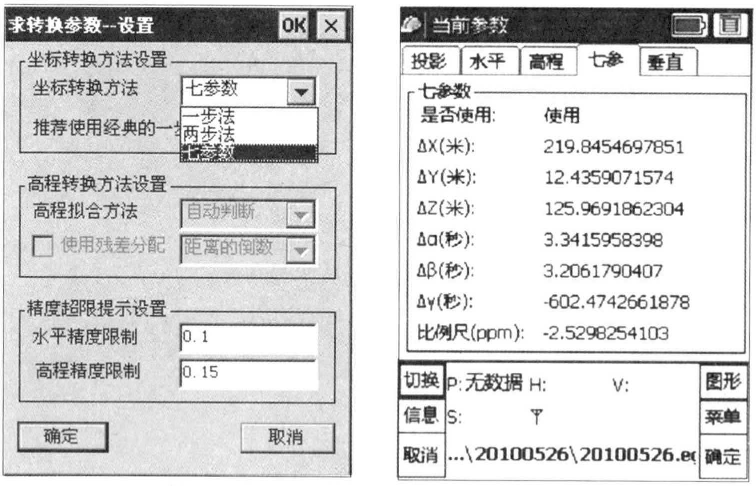

(a)　　(b)

图 3-2-29　求转换参数-设置与当前参数界面

四、注意事项

(1) 点位选择要考虑 RTK 基准站点位要求与作业的方便。天线高量取应在互成 120°的脚架空隙处量取三次，取平均值，且量取的高为斜高。在基站上安装时需采用长天线。

(2) 基准站应架设在视野开阔、视场 15°以内没有障碍物的已知点上，并且基准站尽量架设在高处使得基准站发射的信号能被流动站接收到。

(3) 确保基准站和流动站的差分格式和电台频道是相同的。

(4) 在校园内进行 RTK 测量时，基准站和流动站间的距离很短，测量目标点的时候要注意随时查看是不是固定解，误差是否足够小、满足精度要求。只保留固定解的记录。

五、实训成果

以小组为单位，各组在校园内找到任意三个以上的控制点，并且任选部分碎部点进行测量，完成后提交草图纸。

六、成绩考核

(1)自我评价与组员互评。

自我评价与组员互评

项目名称					
实训场地		组别姓名		班级学号	
序号	考核项	分值	实训要求	自我评定	备注
1	实训态度、思想意识	20	实训态度认真,思想意识高		
2	实训纪律	10	遵守实训纪律,服从老师、组长管理		
3	团队协作	10	团队协作能力强,配合其他组员完成任务		
4	外业观测精确度	20	成果精度符合限差要求		
5	实训内容完成情况	20	能独立完成各实训内容		
6	实训安全情况	10	实训安全无事故		
7	分析问题和解决问题的能力	10	分析和解决实训问题能力强		
实训总结与反思:					
组长评价:________ 小组其他同学评价:________________					

(2)教师评价。

实训指导教师评价

项目名称					
实训场地		组别姓名		班级学号	
序号	考核项	分值	实训要求	考核评定	备注
1	实训态度、思想意识	20	实训态度认真,思想意识高		
2	实训纪律	10	遵守实训纪律,服从老师、组长管理		
3	团队协作	10	团队协作能力强,配合其他组员完成任务		
4	外业观测精确度	20	成果精度符合限差要求		
5	实训内容完成情况	20	能独立完成各实训内容		
6	实训安全情况	10	实训安全无事故		
7	分析问题和解决问题的能力	10	分析和解决实训问题能力强		
存在问题:					
指导教师:________________ 评价时间:________年______月______日					

任务三　数据通信

码 3-4　数据通信

一、目的与要求

(1)掌握全站仪与计算机间的数据通信方法。
(2)掌握南方手簿文件的导入与导出操作。
(3)掌握手簿数据传输的操作步骤及内容。

二、实训准备

全站仪(以拓普康全站仪为例)、GNSS 手簿(以南方灵锐 S86 为例)、数据线、计算机、南方 CASS 成图软件。

三、步骤与方法

(一)全站仪数据通信

1. 通信参数设置

在图 3-1-1 所示菜单界面中,点击"F3 存储管理",点击两次"F4"翻页到"3/3"即第三页,如图 3-3-1 所示。

```
存储管理            3/3
  F1:数据通信
  F2:初始化
                    P↓
```

图 3-3-1　数据通信功能界面

按"F1:数据通信",进入"数据传输"界面(见图 3-3-2)。点击"F3:通信参数",进入通信参数菜单(见图 3-3-3)。

```
数据传输
  F1:发送数据
  F2:接收数据
  F3:通信参数
```

图 3-3-2　数据传输界面

```
通信参数            1/2
  F1:协议
  F2:波特率
  F3:字符/检验      P↓
```

图 3-3-3　通信参数界面

依次检查或设定通信参数为:①协议:无;②波特率:9 600;③字符/检校:8/无校验;④停止位:1 位。

参数设置完成后点击"ESC"功能键,退回到数据传输菜单。

2. 全站仪发送数据准备

在图 3-3-2"数据传输"界面点击"F1:发送数据",进入"发送数据"界面(见图 3-3-4)。选择发送"F1:测量数据"(也可选择"F2:坐标数据"),进入"发送测量数据"界面(见图 3-3-5)。

```
发送数据
  F1:测量数据
  F2:坐标数据
  F3:编码数据
```

图 3-3-4　发送数据界面

```
发送测量数据
  F1:11 位
  F2:12 位
```

图 3-3-5　发送测量数据界面

选择“F1:11 位”,进入“选择文件”界面(见图 3-3-6)。选择“F4”,回车。出现如图 3-3-7 所示界面后,暂不操作,转到 CASS2008 软件进行设置。

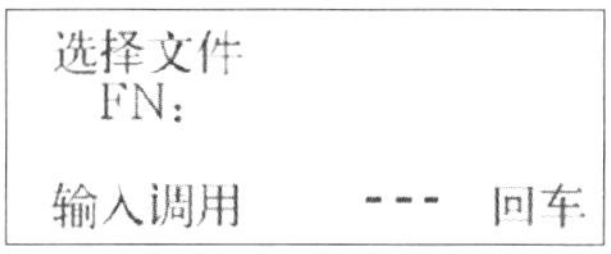

图 3-3-6　选择文件界面

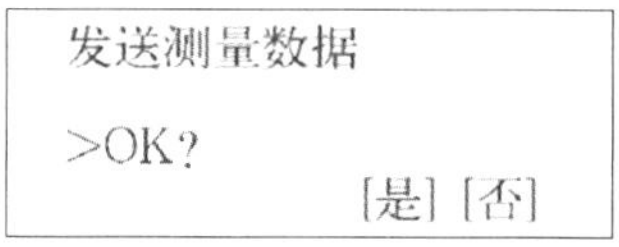

图 3-3-7　发送确认界面

3. CASS 接收数据准备

打开 CASS 软件,点击下拉菜单“数据”中的“读取全站仪数据”项(见图 3-3-8),弹出“全站仪内存数据转换”界面,如图 3-3-9 所示。

图 3-3-8　读取全站仪数据界面

图 3-3-9　全站仪内存数据转换界面

在全站仪内存数据转换界面中,选择并设置如下:

在“仪器”一栏选择“拓普康 GTS-200 测量”(如果传输坐标文件,仪器一栏选择“拓普康 GTS-200 坐标”);通信口:COM1(和计算机一致);波特率:9 600;数据位:8 位;校验:无校验;停止位:1 位。其他参数用默认值。

单击“全站仪内存数据转换”界面中的“选择文件”项,选择数据存储位置,输入数据文件名,如“C:\Documents and Settings\jrjjr\桌面\演示数据. dat”。

点击“转换”键,出现如图 3-3-10 所示对话框,至此计算机准备完成,等待全站仪的信号。

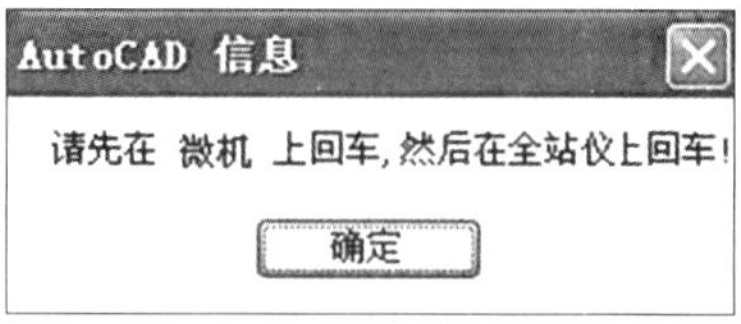

图 3-3-10　回车确认对话框

4. 确认顺序

点击计算机对话框的“确定”键,计算机通信口打开,准备接收数据。随后,立即点击全站仪的“F3”键，选择“是”，全站仪开始向计算机发送数据。如果传输成功，软件CASS2008的命令提示栏内会出现输入的数据跳动，表示正在传输。传输结束后，出现“数据通信完成”提示。

（二）RTK 数据文件转换与传输

1. 文件导入

操作1：在“工程之星”界面点击【工程】，选择【文件导入导出】［见图3-3-11（a）］→进入“文件导入导出”界面，点击【文件导入】［见图3-3-11（b）］→进入“文件导入”界面［见图3-3-12（a）］。

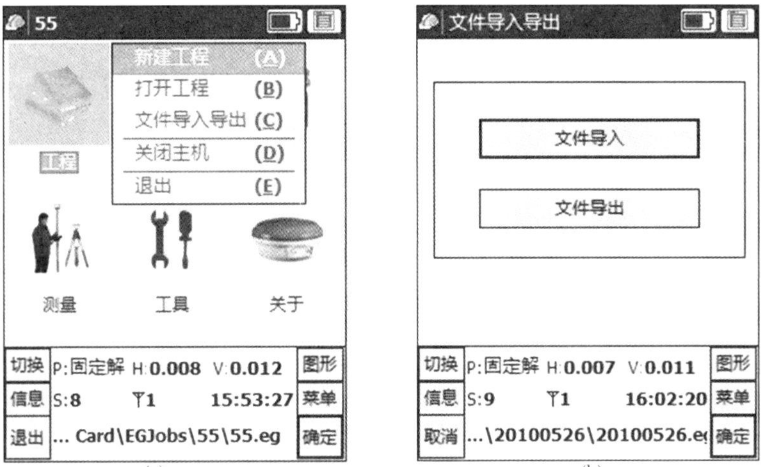

(a)　(b)

图3-3-11　文件导入导出界面

操作2：在“文件导入”界面“导入文件类型”下拉框选择导入文件类型，点击【打开文件】［见图3-3-12（a）］→进入“打开文件”界面，选择对应类型文件［见图3-3-12（b）］，点击【OK】→返回“文件导入”界面［见图3-3-13（a）］。

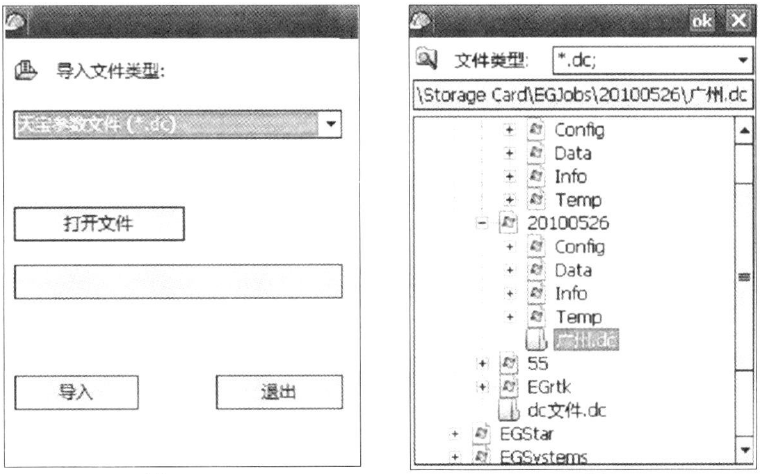

(a)　(b)

图3-3-12　文件导入与打开文件界面

操作 3：在“文件导入”界面，点击【导入】[见图 3-3-13(a)]→弹出导入信息框，点击【OK】后，点击【退出】[见图 3-3-13(a)]→返回“文件导入导出”界面[见图 3-3-13(b)]。

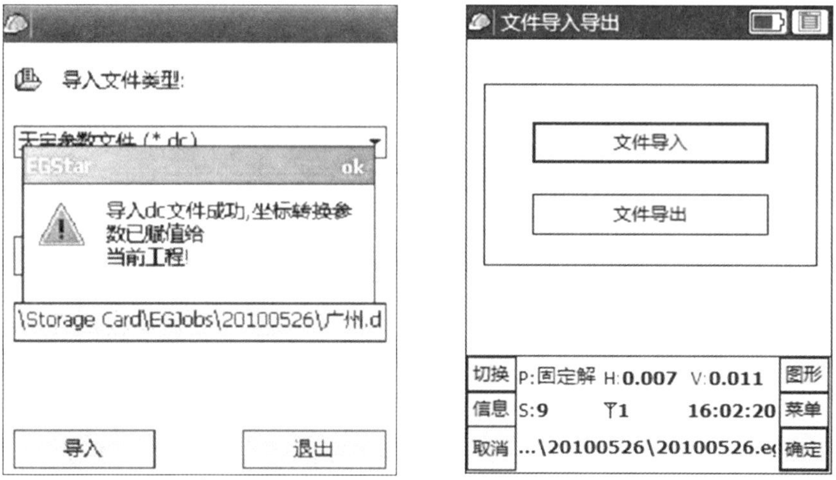

(a)　　　　(b)

图 3-3-13　导入数据与文件导入导出界面

2. 文件导出

操作 1：在“文件导入导出”界面，点击【文件导出】[见图 3-3-13(b)]→进入“文件导出”界面，从“导出文件类型”中选择导出文件类型[见图 3-3-14(a)]，或点击【自定义】[见图 3-3-14(b)]→进入“文件导出-自定义格式”界面[见图 3-3-15(a)]。

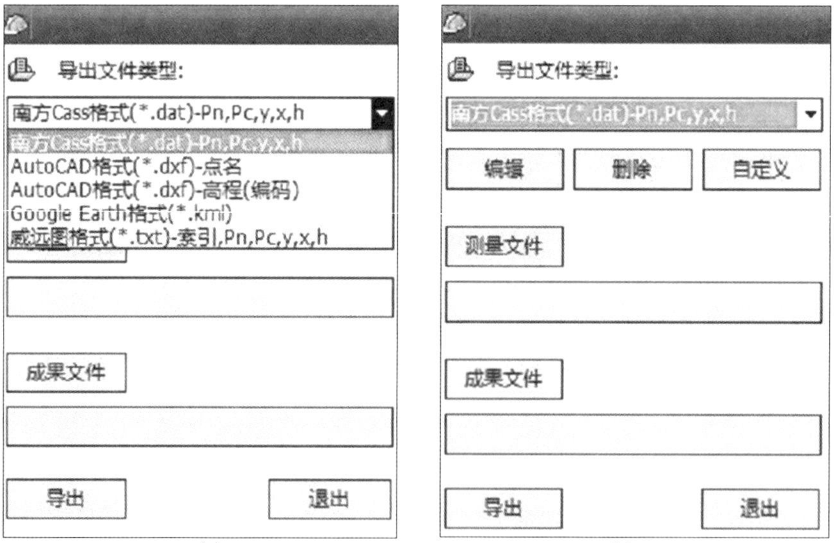

(a)　　　　(b)

图 3-3-14　文件导出界面

操作 2：在“文件导出-自定义格式”界面，输入格式名、分隔符、扩展名，数据列表选择项目，点击【增加】[见图 3-3-15(a)]→自定义完成后，点击【确定】[见图 3-3-15(b)]→进入“文件导出”界面[见图 3-3-16(a)]。

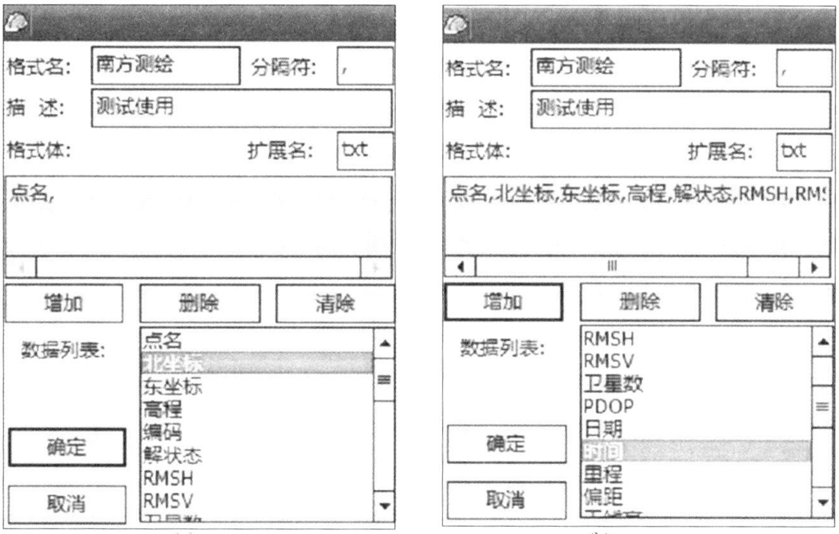

(a)　　(b)

图 3-3-15　文件导出-自定义格式界面

操作 3:在“文件导出”界面,选择新建格式,点击【测量文件】[见图 3-3-16(a)]→进入“打开文件”,选择测量文件,点击【OK】[见图 3-3-16(b)]→进入“文件导出”界面[见图 3-3-17(a)]。

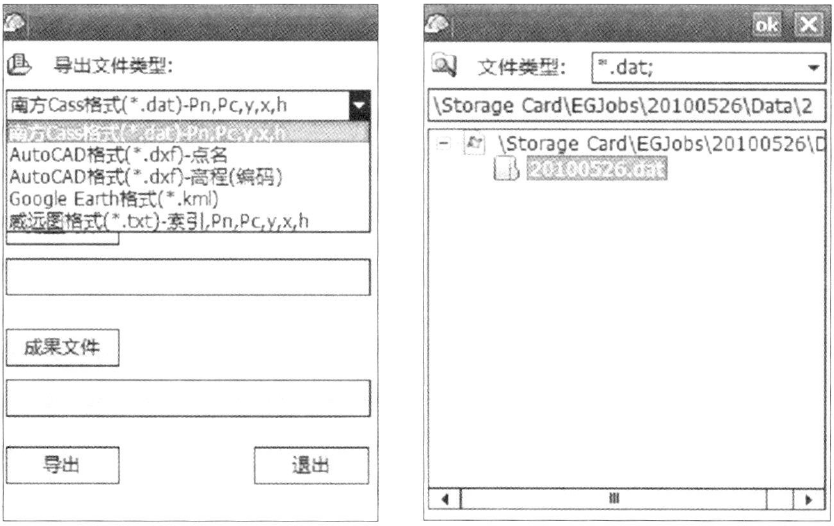

(a)　　(b)

图 3-3-16　文件导出与打开测量文件界面

操作 4:在“文件导出”界面,点击【成果文件】[见图 3-3-17(a)]→进入“保存文件”,选择路径,输入文件名,点击【OK】[见图 3-3-17(b)]→进入“文件导出”界面[见图 3-3-18(a)]。

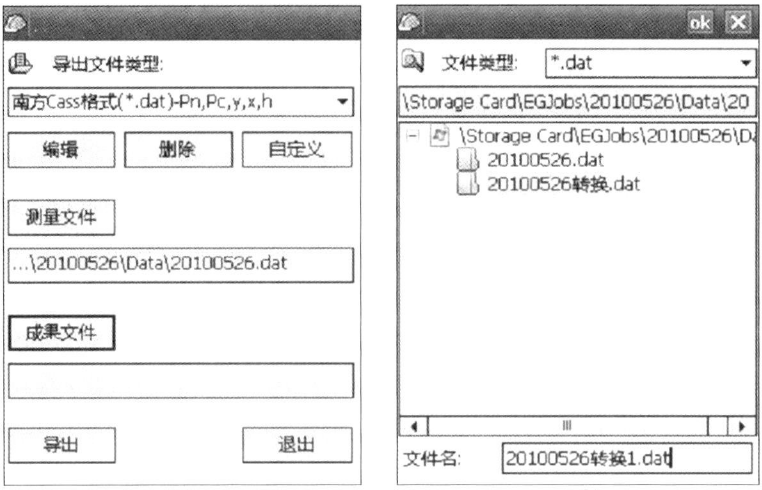

(a) (b)

图 3-3-17　文件导出与成果文件界面

操作 5:在“文件导出”界面,点击【导出】[见图 3-3-18(a)]→显示导出成功信息框,点击【OK】后,点击【退出】[见图 3-3-18(b)]→返回“文件导入导出”界面,点击【确定】。

(a) (b)

图 3-3-18　文件导出与保存成功界面

3. 手簿数据传输

准备好数据传输线、S730 手簿、计算机并安装 Microsoft ActiveSync 同步传输软件(见图 3-3-19)。

操作 1:用传输线 USB 一端连接计算机[见图 3-3-20(a)]→另一端连接 S730 手簿[见图 3-3-20(b)]→打开计算机与 S730 手簿。

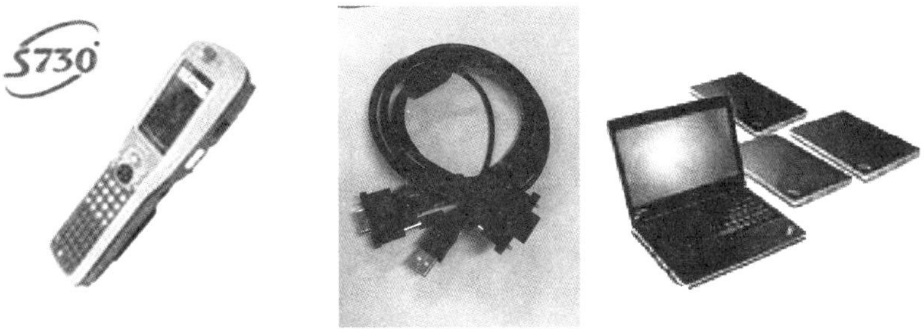

图 3-3-19　S730 手簿、数据传输线与计算机界面

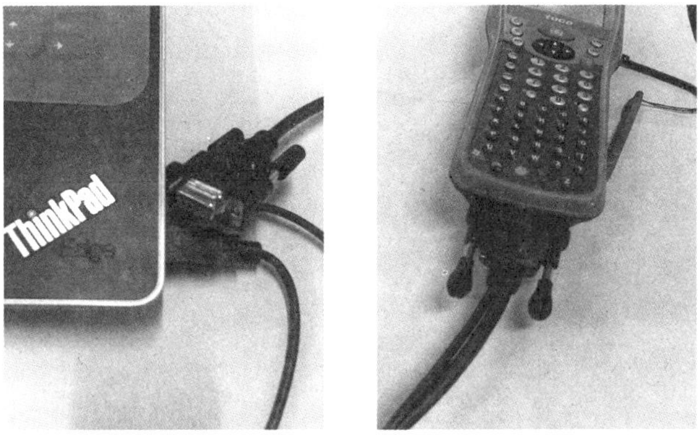

(a)　　(b)

图 3-3-20　连接计算机与手簿

操作 2:打开 Microsoft ActiveSync 软件[见图 3-3-21(a)]→点击【文件】,选择【进行连接】[见图 3-3-21(b)]→显示已连接[见图 3-3-22(a)],点击【浏览】,浏览手簿文件,拷贝[见图 3-3-22(b)]。

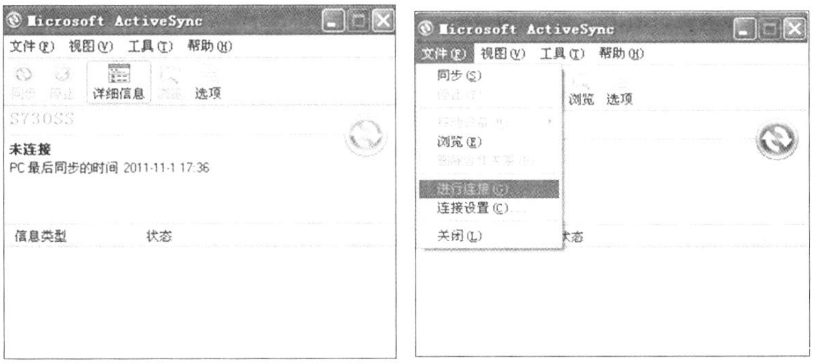

(a)　　(b)

图 3-3-21　Microsoft ActiveSync 软件与连接手簿界面

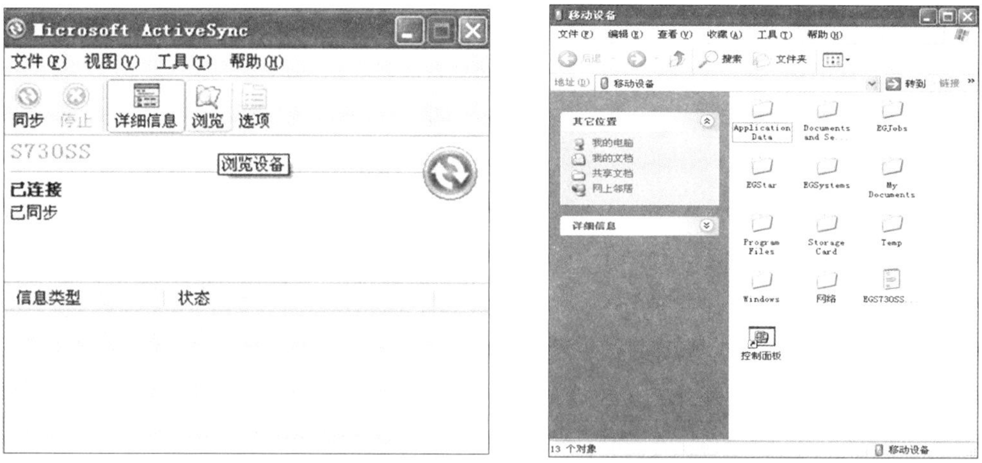

(a)　　(b)

图 3-3-22　浏览手簿文件与手簿文件显示界面

四、注意事项

(1)注意查看全站仪的通信端口是否正确。

(2)全站仪数据通信时一定要注意修改相关参数,全站仪上的参数和 CASS 中的参数要一一对应。

(3)用数据线连接全站仪时,必须将数据线的针孔与针对准,错位是无法插入的,所以连接时注意接口形状与接口上的红点要对准,切勿用力。从全站仪拔下传输线接口时,切忌直接拽线,应该用食指与拇指捏住接口上的活动环,拔取传输线。

(4)GNSS 进行数据传输时,需要先利用手簿将测量文件导出,然后才可以传输到计算机里。

五、实训成果

以个人为单位,分别上机传输测量数据,并将成果上传至计算机。

六、成绩考核

(1)自我评价与组员互评。

自我评价与组员互评

项目名称					
实训场地		组别姓名		班级学号	
序号	考核项	分值	实训要求	自我评定	备注
1	实训态度、思想意识	20	实训态度认真,思想意识高		
2	实训纪律	10	遵守实训纪律,服从老师、组长管理		
3	实训内容完成情况	50	能独立完成各实训内容		
4	分析问题和解决问题的能力	20	分析和解决实训问题能力强		
实训总结与反思:					
组长评价:＿＿＿＿＿　小组其他同学评价:＿＿＿＿＿＿＿＿＿＿＿＿＿＿					

(2)教师评价。

实训指导教师评价

项目名称					
实训场地		组别姓名		班级学号	
序号	考核项	分值	实训要求	考核评定	备注
1	实训态度、思想意识	20	实训态度认真,思想意识高		
2	实训纪律	10	遵守实训纪律,服从老师、组长管理		
3	实训内容完成情况	50	能独立完成各实训内容		
4	分析问题和解决问题的能力	20	分析和解决实训问题能力强		
存在问题:					
指导教师:＿＿＿＿＿＿＿＿＿＿＿＿＿＿＿　评价时间:＿＿＿＿＿年＿＿＿月＿＿＿日					

任务四　内业图形编辑

一、目的与要求

(1)熟练掌握所有符号的绘制方法和操作提示。
(2)能够熟练掌握任意符号在“地物绘制菜单”中的位置。

码 3-5　内业图形编辑

二、实训准备

计算机、AutoCAD 软件、CASS 成图软件、草图。

三、步骤与方法

(一)定显示区

在 CASS9.1 系统中选择“绘图处理\定显示区”,弹出如图 3-4-1 所示的“输入坐标数据文件名”界面,在相应路径下找到外业采集的碎部点坐标数据文件名,选择该文件后按“打开”即可。

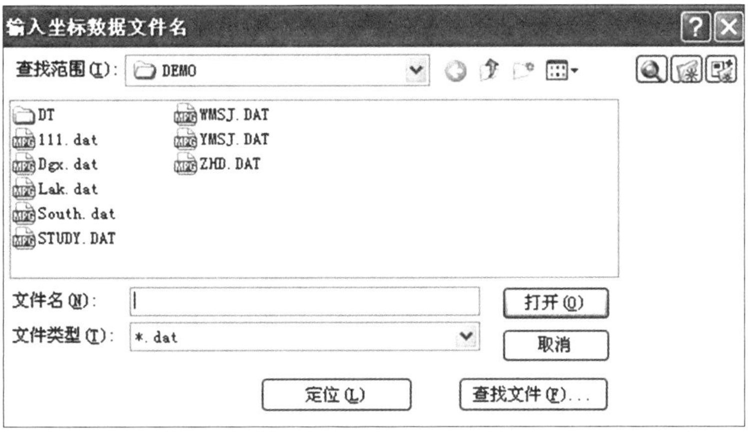

图 3-4-1　输入坐标数据文件名界面

(二)改变当前测图比例尺

系统默认的测图比例为尺 1:500,实际绘图时可根据作业比例修改。

(三)展野外测点点号

选择“绘图处理\展野外测点点号”,系统提示输入要展出的坐标数据文件名(见图 3-4-1)。输入后数据文件中所有点以注记点号形式展现在屏幕上。

(四)地物绘制及注记文字

根据外业草图上绘制的地物类别,移动鼠标至右侧“地物绘制菜单”中选择相应的大类及地形图图式符号,然后根据命令行的动态提示,即可在屏幕上将所有的地物绘制出来。

1. 地物编辑

根据外业草图上绘制的地物类别，移动鼠标至右侧“地物绘制菜单”中选择相应的大类及地形图图式符号，然后根据命令行的动态提示，即可在屏幕上将所有的地物绘制出来。绘制内容及要求参考《国家基本比例尺地图图式第一部分：1∶500　1∶1 000　1∶2 000 地形图图式》(GB/T 20257.1—2017)。

2. 注记文字

选择地物绘制工具栏内的“文字注记\注记文字”，弹出“文字注记信息”对话框(见图 3-4-2)。

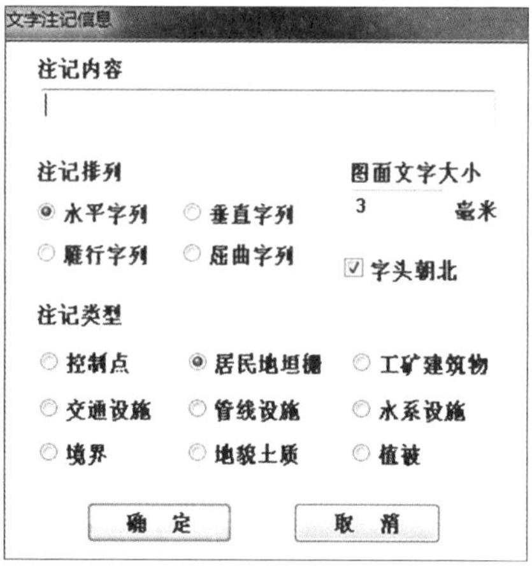

图 3-4-2　文字注记信息界面

在该界面上填写注记内容，设置注记排列方式、文字大小、注记类型(不同的文字注记需放置在不同的图层上)。

(本部分绘制内容详见本节二维码中的视频)

四、注意事项

(1)对地物进行了编辑修改后，还需要对图面上各种图元之间的相互关系进行查错，确保地形图完全符合图式与相应规范的要求。

(2)地物绘制时，除有向独立符号外，其余独立符号均垂直于南图廓线。

(3)捕捉对象时，应该放大图形，以便准确捕捉到目标点。

(4)在绘制图形时，要养成时刻保存图形的习惯，以免造成不必要的损失。

五、实训成果

以个人为单位，按照要求在规定时间内提交绘图成果。

六、成绩考核

(1)自我评价与组员互评。

自我评价与组员互评

项目名称					
实训场地		组别姓名		班级学号	
序号	考核项	分值	实训要求	自我评定	备注
1	实训态度、思想意识	20	实训态度认真,思想意识高		
2	实训纪律	10	遵守实训纪律,服从老师、组长管理		
3	绘图的准确性、整洁性、美观性	40	符合相关规范要求		
4	实训内容完成情况	20	能独立完成各实训内容		
5	分析问题和解决问题的能力	10	分析和解决实训问题能力强		
实训总结与反思:					
组长评价:________　小组其他同学评价:________________					

(2)教师评价。

实训指导教师评价

项目名称					
实训场地		组别姓名		班级学号	
序号	考核项	分值	实训要求	考核评定	备注
1	实训态度、思想意识	20	实训态度认真,思想意识高		
2	实训纪律	10	遵守实训纪律,服从老师、组长管理		
3	绘图的准确性、整洁性、美观性	40	符合相关规范要求		
4	实训内容完成情况	20	能独立完成各实训内容		
5	分析问题和解决问题的能力	10	分析和解决实训问题能力强		
存在问题:					
指导教师:________________　评价时间:______年____月____日					

任务五　等高线绘制

一、目的与要求

(1)掌握等高线手工绘制的基本步骤和方法。
(2)掌握数字测图软件绘制等高线的基本步骤和方法。

码 3-6　等高线绘制

二、实训准备

铅笔、三角尺、碎部高程点图、计算机、数字测图软件、原始高程数据资料。

三、步骤与方法

(一)等高线手工勾绘

(1)连地性线。在野外测绘地形图时,是边测边连的,一定要分清山脊线和山谷线(山脊线用实线光滑连接,山谷线用虚线光滑连接)。

(2)求等高线通过点。按等高距的要求,在两相邻地貌特征点间按高差与平距成正比关系求出等高线通过点。通常用目估内插法来确定等高线通过点。也可用三角尺丈量地貌特征点间距,配合目估内插。目估内插时应先内插计曲线通过点并用粗点标示,再内插首曲线通过点并用细点标示。

(3)连接等高线。根据等高线的特性,把高程相等的点用光滑曲线连接起来。

(4)等高线的整饰。按规定每隔四条基本等高线加粗一条计曲线,并在计曲线上注记高程。高程注记的字头应朝向高处,但不能倒置。在山顶、鞍部、凹地等坡向不明显处的等高线应沿坡度降低的方向加绘示坡线。

(二)等高线的自动软件绘制

1. 展高程点

在"CASS 参数配置"的"地物绘制"选项卡中设置好"高程注记位数""高程点字高"等内容后,选择"绘图处理\展高程点",输入高程点坐标数据文件名并打开后,即可在屏幕上展绘出碎部点高程。

2. DTM 构建

选择"等高线\建立 DTM",弹出如图 3-5-1 所示的"建立 DTM"界面。

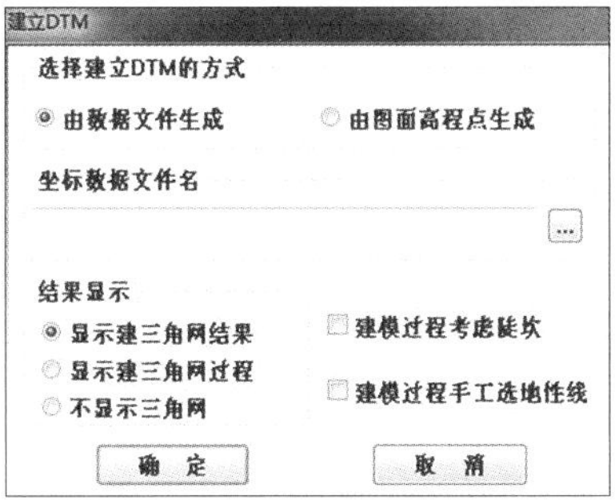

图 3-5-1　建立 DTM 界面

如果是多个小组测绘，则事先可以合并数据文件，再采用“由数据文件生成”；或把所有高程点共同展绘在屏幕上，再采用“由图面高程点生成”。

建立 DTM 过程中，一般均要考虑陡坎和地性线。如果没有陡坎和地性线，可不考虑。

1）图面 DTM 完善

如果局部高程点之间 DTM 空缺，或相邻两部分 DTM 之间需要连接成一个整体，不需要重构 DTM，只需要针对局部图面，进行 DTM 完善即可。

选择“等高线\图面 DTM 完善”，命令行提示如下：

选择要处理的高程点、控制点及三角网。

选择对象：（选择相应的高程点、控制点及三角网后回车）

选择对象：（回车结束命令）

2）DTM 的修改与编辑

由于现实地貌的多样性和复杂性，或采样点位置、密度和间距的不合适，自动构成的 DTM 与实际地貌可能不太一致，为了保证建模与生成等高线的正确性，还必须对自动构成的 DTM 进行适当的修改编辑工作，最终得到正确的 DTM。

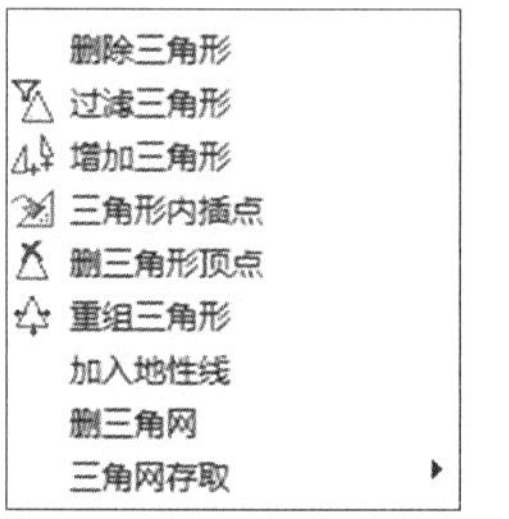

图 3-5-2 DTM 修改与编辑命令

CASS 软件中提供的 DTM 修改与编辑命令如图 3-5-2 所示。可以通过删除、过滤、增加、重组三角形以及加入地性线等方法对 DTM 进行编辑修改。

修改好的 DTM，可以通过“三角网存取”命令把屏幕区三角网写入三角网文件或从三角网文件中读出展绘在绘图区。

修改完 DTM 后，选择“三角网\修改结果存盘”，结束修改。

3. 等高线绘制

选择 CASS 系统下的“等高线\绘制等高线”（见图 3-5-3）。如果是绘制等深线，则选择“绘制等深线”，弹出图 3-5-4 所示“绘制等值线”界面。

选择合适的拟合方式（一般采用“三次 B 样条拟合”），输入所需等高距，按“确定”后即可绘制出等高线。

图 3-5-3 等高线绘制和编辑命令

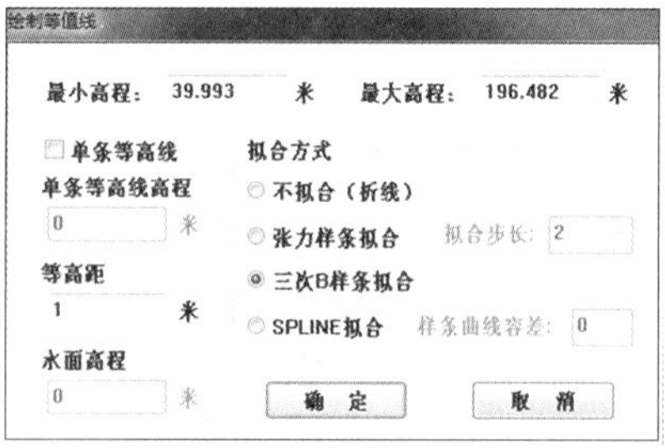

图 3-5-4 绘制等值线界面

4. 等高线注记、修剪

1）等高线注记

等高线绘制完成后，还需要对计曲线高程进行注记，便于读图。另外，还需要标示好示坡线。

等高线注记既可以对单根等高线进行高程注记，也可以沿事先绘制的复合线走向批量注记。

(1)单个高程注记。

选择"等高线\等高线注记\单个高程注记"，命令行提示如下：

选择需注记的等高(深)线：(选择该等高线)

依法线方向指定相邻一条等高(深)线：(选择相邻等高线)

命令：(结束注记)

(2)批量注记。

首先用复合线(也叫多段线)命令绘制一根与需要注记的每根计曲线垂直相交的复合线(该直线应从低往高画)。然后选择"等高线\等高线注记\沿直线高程注记"，命令行提示如下：

请选择：(1)只处理计曲线(2)处理所有等高线<1>(可根据实际情况输入 1 或 2)

选取辅助直线(该直线应从低往高画)：<回车结束>(选择提前绘制好的复合线)

选取辅助直线(该直线应从低往高画)：<回车结束>(选择提前绘制好的第二根复合线，如果没有则回车结束)

命令：(结束注记)

(3)示坡线标注。

选择"等高线\等高线注记"下的"单个示坡线"或"沿直线示坡线"标注好相应的示坡线。

2)等高线修剪或消隐

标准地形图要求等高线通过建筑物、依比例围墙、坡坎、双线道路、控制点注记、高程注记、独立符号、文字注记时必须断开或消隐。

选择"等高线修剪\批量修剪等高线"，弹出图 3-5-5 所示"等高线修剪"界面。

图 3-5-5　等高线修剪界面

把需要修剪或消隐的地物、符号或文字前面打上"√"，选择好"消隐"或"修剪"，整图处理或手工选择好需要处理的等高线，按"确定"后即可自动进行等高线的修剪或消隐。如果不需要，则可以取消等高线消隐。

四、注意事项

(1)连接地性线、等高线时,线画要轻、要细,以便于橡皮擦拭。保持图面整洁、正确无误 后按要求整饰。

(2)等高线的走向一定要合理,要根据等高线的特性进行描绘,通过勾绘更进一步地加 深对等高线特性的认识。

(3)切记等高线不能直接穿过沟、坎。

(4)等高线的自动软件绘制时应注意三角网及等高线的编辑,注意等高线的正确断开切除。

(5)注意等高线与陡坎的合理衔接。

(6)用数字测图软件进行等高线编辑时应注意及时保存编辑成果。

五、实训成果

(1)手绘等高线成果。

等高线勾绘练习 1

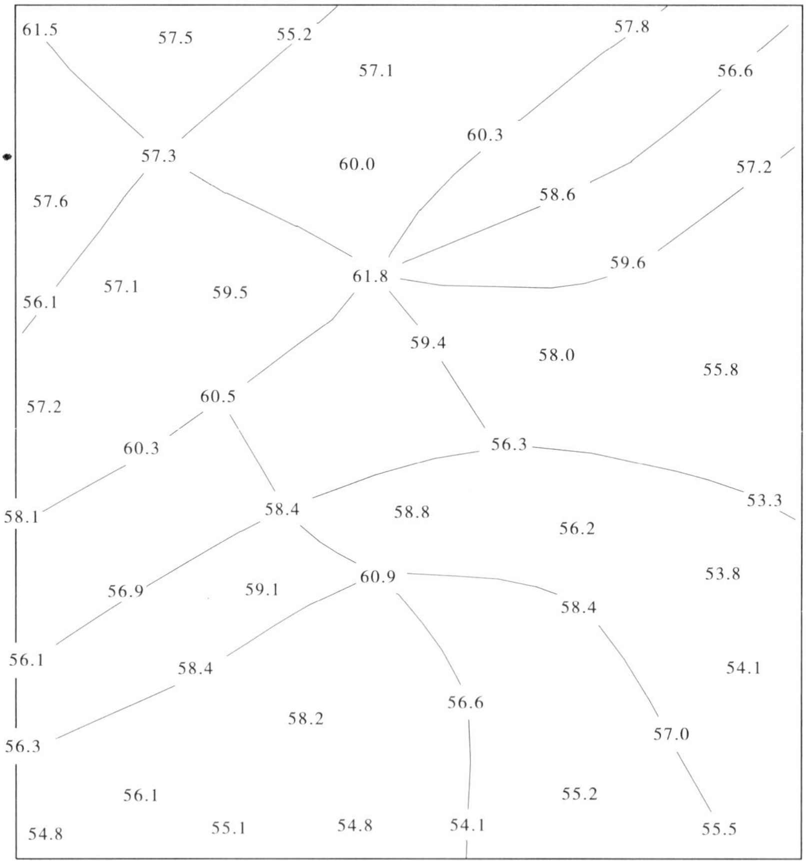

等高距 1 m　　比例尺 1∶2 000

班级:　　勾绘者:

等高线勾绘练习 2

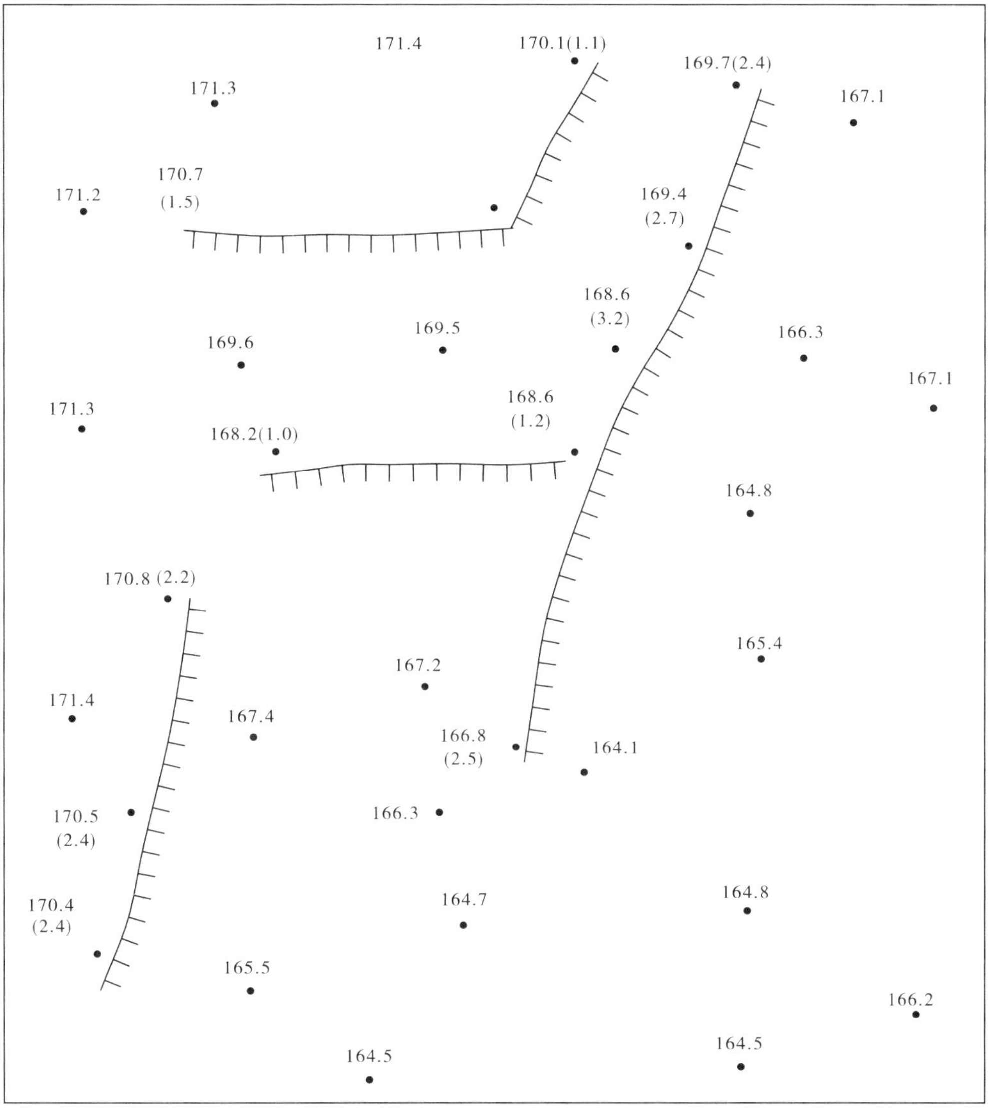

等高距 1 m　　　　比例尺 1∶1 000

班级：　　　　　　绘图者：

(2)利用提供的高程点数据文件,结合上述步骤进行等高线绘制,并提交成果。

六、成绩考核

(1)自我评价与组员互评。

自我评价与组员互评

项目名称					
实训场地		组别姓名		班级学号	
序号	考核项	分值	实训要求	自我评定	备注
1	实训态度、思想意识	20	实训态度认真,思想意识高		
2	实训纪律	10	遵守实训纪律,服从老师、组长管理		
3	绘图的准确性、整洁性、美观性	40	符合相关规范要求		
4	实训内容完成情况	20	能独立完成各实训内容		
5	分析问题和解决问题的能力	10	分析和解决实训问题能力强		
实训总结与反思:					
组长评价:________　小组其他同学评价:________________					

(2)教师评价。

实训指导教师评价

项目名称					
实训场地		组别姓名		班级学号	
序号	考核项	分值	实训要求	考核评定	备注
1	实训态度、思想意识	20	实训态度认真,思想意识高		
2	实训纪律	10	遵守实训纪律,服从老师、组长管理		
3	绘图的准确性、整洁性、美观性	40	符合相关规范要求		
4	实训内容完成情况	20	能独立完成各实训内容		
5	分析问题和解决问题的能力	10	分析和解决实训问题能力强		
存在问题:					
指导教师:________________　评价时间:________年______月______日					

任务六　图形整饰与注记

码 3-7　图形整饰与注记

一、目的与要求

(1)已有地形图按要求进行分幅、标准图幅和任意图幅设置。

(2)通过实训熟悉地形图中各线画与注记的大小设置、字体选择。

二、实训准备

教师提供电子地形图一份,计算机。

三、步骤与方法

(一)添加图框

1. 图框默认参数设置

选择 CASS9. 1 软件下的“文件\CASS 参数设置”,弹出 “CASS90 综合设置”对话框,选择“图廊属性”选项卡,界面如图 3-6-1 所示。

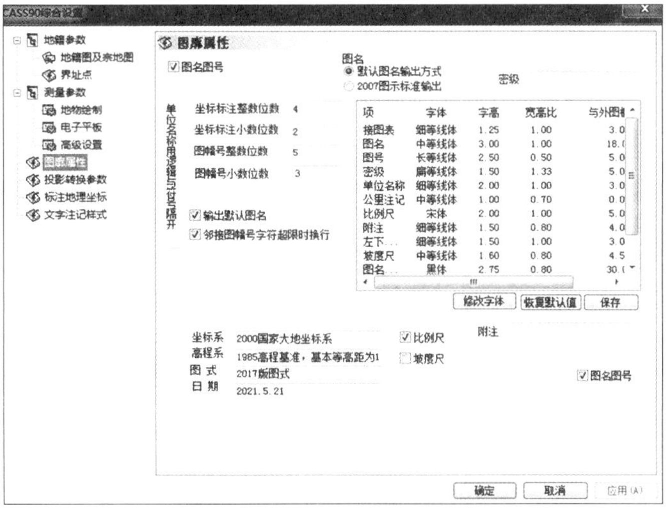

图 3-6-1　图框设置界面

在该界面中,填入坐标系统、高程基准和等高距、图式、测量员、绘图员、检查员和密级,按“确定”退出。同时根据《国家基本比例尺地图图式　第 1 部分:1∶500　1∶1 000　1∶2 000 地形图图式规范》(GB/T 20257. 1—2017)的要求设置字体。

2. 绘制图框

选择“绘图处理\标准图幅”,弹出“图幅整饰”对话框(见图 3-6-2)。

在该界面中,填写图名、设置图幅尺寸,设置图框左下角坐标。

(二)检查图形符号

检查图形符号是否符合《国家基本比例尺地图图式　第 1 部分:1∶500　1∶1 000　1∶2 000 地形图图式规范》(GB/T 20257. 1—2017)的要求,如果不符,按图式规范进行修

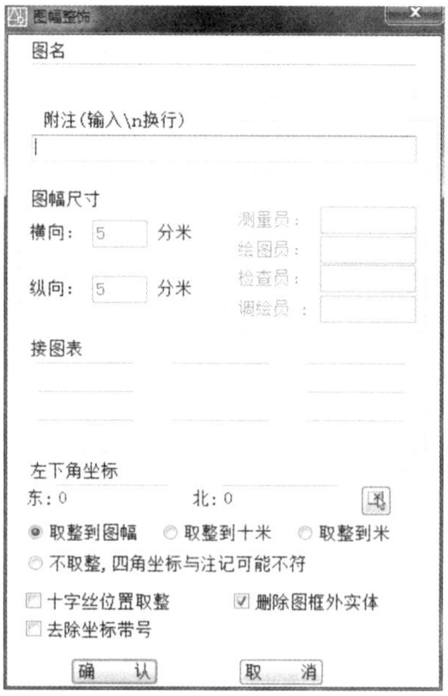

图 3-6-2　图幅整饰界面

改。例如，1∶1 000 比例尺地形图要求控制点为正等线体，字高 2.5；要求高程点为正等线体，字高 2.0；房屋层数要求为正等线体，字高 2.0。道路的注记文字图层应改为道路图层。地物符号之间不能压盖、高程点注记密度要合适等。

四、注意事项

(1)在修改字体及线型过程中首先应查看绘图比例尺，按相应比例尺要求进行修改。

(2)检查图形符号是否符合图式规范要求时，要逐一进行检查修改，防止遗漏。

五、实训成果

对给定的电子地形图按要求进行图形整饰，并提交成果。

六、成绩考核

(1)自我评价与组员互评。

自我评价与组员互评

项目名称					
实训场地		组别姓名		班级学号	
序号	考核项	分值	实训要求	自我评定	备注
1	实训态度、思想意识	20	实训态度认真,思想意识高		
2	实训纪律	10	遵守实训纪律,服从老师、组长管理		
3	绘图的准确性、整洁性、美观性	40	符合相关规范要求		
4	实训内容完成情况	20	能独立完成各实训内容		
5	分析问题和解决问题的能力	10	分析和解决实训问题能力强		
实训总结与反思:					
组长评价:__________　小组其他同学评价:____________________					

(2)教师评价。

实训指导教师评价

项目名称					
实训场地		组别姓名		班级学号	
序号	考核项	分值	实训要求	考核评定	备注
1	实训态度、思想意识	20	实训态度认真,思想意识高		
2	实训纪律	10	遵守实训纪律,服从老师、组长管理		
3	绘图的准确性、整洁性、美观性	40	符合相关规范要求		
4	实训内容完成情况	20	能独立完成各实训内容		
5	分析问题和解决问题的能力	10	分析和解决实训问题能力强		
存在问题:					
指导教师:____________________　评价时间:________年______月______日					

任务七　图形输出

码 3-8　图形输出

一、目的与要求

通过实训能够了解打印纸张的大小，独立设置打印机、打印区域、打印比例尺，能够完成对图形的打印。

二、实训准备

教师提供电子地形图一份，计算机，打印机。

三、步骤与方法

(1)打开 CASS，单击“文件/绘图输出/打印...”，就弹出“打印模型”界面(见图 3-7-1)。

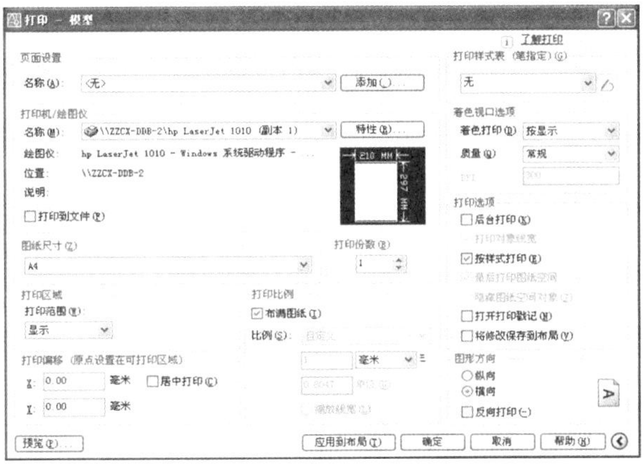

图 3-7-1　“打印-模型”界面

(2)选择打印机/绘图仪。

在“打印机/绘图仪”分组框的“名称(M)”下拉列表框中选择所需打印机或绘图仪作为输出设备。当选定打印机或绘图仪后，“名称(M)”下拉列表框中即显示出所选设备名称、所选端口，以及打印机或绘图仪的其他注释信息。

“打印机/绘图仪”分组框的“名称(M)”下拉列表框常见选项如图 3-7-2 所示。

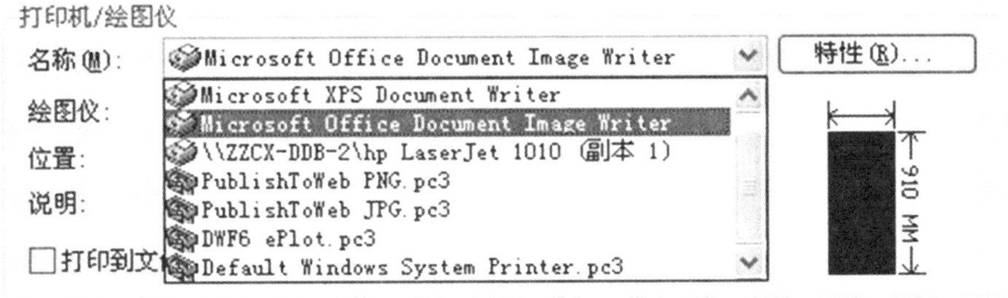

图 3-7-2　“名称(M)”下拉列表框常见选项

(3)设置图纸尺寸。在“图纸尺寸”下拉列表框中,有默认的适合所选打印机的各种图纸尺寸,可根据实际需要自行选择。

(4)设置打印区域。在“打印区域”分组框中,有“打印范围”下拉列表框如图 3-7-3 所示。

(5)设置打印比例。“打印比例”分组框如图 3-7-4 所示。

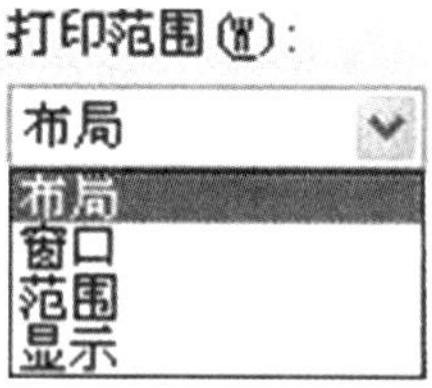

图 3-7-3 “打印范围”下拉列表框

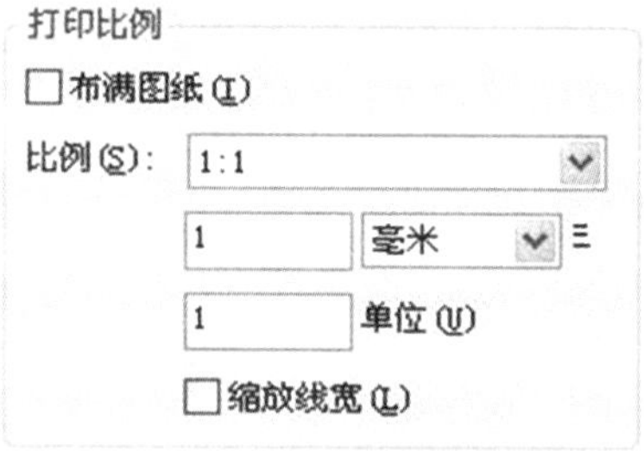

图 3-7-4 “打印比例”分组框

“打印比例”中缩小的比例从 1:1到 1:100,放大的比例从 2:1到 100:1,可以根据需要选择。

(6)图形打印方向和位置的调整图形在图纸上的打印方向通过“图形方向”分组对话框中的选项调整,如图 3-7-5 所示。

图形在图纸上的打印位置可以由“打印偏移”确定,如图 3-7-6 所示。

图 3-7-5 “图形方向”分组对话框

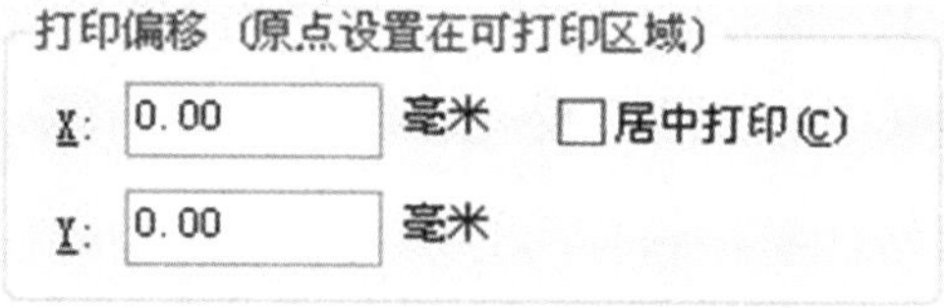

图 3-7- 6 “打印偏移”分组对话框

(7) 打印效果预览。打印参数设置完成后,用户可通过 预览(P)... 观察图形的打印效果。如果不合适,可以重新调整打印参数,以免浪费图纸。

(8)确定打印。点击“确定”即可打印。

四、注意事项

按比例打印时一定要注意纸张的选择、图形方向的选择。

五、实训成果

按照打印的要求提交一份准确的纸质成果。

六、成绩考核

（1）自我评价与组员互评。

自我评价与组员互评

项目名称					
实训场地		组别姓名		班级学号	
序号	考核项	分值	实训要求	自我评定	备注
1	实训态度、思想意识	20	实训态度认真，思想意识高		
2	实训纪律	10	遵守实训纪律，服从老师、组长管理		
3	实训内容完成情况	60	能独立完成各实训内容		
4	分析问题和解决问题的能力	10	分析和解决实训问题能力强		
实训总结与反思：					
组长评价：________　小组其他同学评价：________________________					

（2）教师评价。

实训指导教师评价

项目名称					
实训场地		组别姓名		班级学号	
序号	考核项	分值	实训要求	考核评定	备注
1	实训态度、思想意识	20	实训态度认真，思想意识高		
2	实训纪律	10	遵守实训纪律，服从老师、组长管理		
3	实训内容完成情况	60	能独立完成各实训内容		
4	分析问题和解决问题的能力	10	分析和解决实训问题能力强		
存在问题：					
指导教师：________________________评价时间：________年______月______日					

【思政小课堂】

我国发布钓鱼岛及其附属岛屿地形地貌调查报告

该调查报告基于长期的历史调查数据,并采用最新高分辨率卫星遥感等调查方式,获取了钓鱼岛及其附属岛屿的海岛和 30 m 以浅区域最新地形数据,编制了最新大比例尺海岛地形地貌专题图,进一步完善了钓鱼岛及其附属岛屿的基础地理数据体系,对开展钓鱼岛及其附属岛屿的资源管理与生态环境保护具有重要意义。

项目四　数字地形图产品质量检查与验收

【项目说明】

测绘产品的质量检查与验收是生产过程中必不可少的环节，是测绘产品的质量保障，也是对测绘产品的质量评价。为了确保测绘产品成果能正确、完整和真实地反映地形，提高产品质量、测量精度和可靠性，数字测图成果质量检查验收是必不可少的环节。通过本项目的实训，学生掌握质量检查的方法，达到学以致用，进一步加强理解、深化和巩固，以此来提高学生的实际操作能力。

码 4-1　项目说明

【项目任务】

任务一　数字地形图产品质量检查实训。

【项目成果】

1. 数字地形图产品存在错误记录表。
2. 地物点平面精度检测表。
3. 地物点间距精度检测表。
4. 地物点高程精度检测表。
5. 质量检查心得体会。

任务一　数字地形图产品质量检查实训

一、目的与要求

提交的数字地形图及相应的附件资料，必须经过质量检查和验收，确认检查和验收均合格后，才能用于实际应用。

码 4-2　数字地形图产品质量检查实训

通过本项目的实训，要求学生掌握数字地形图产品质量检查的内容和方法，能够针对教师提供的测区地形图，利用仪器设备到实地进行检查，完成各项表格填写和计算；同时本项目提供了一幅质检样图及外业检查数据作为案例，学生可以通过案例学习、记录和计算相应的质量问题和数学检测精度，掌握质量检查的内容和方法。

二、实训准备

《测绘成果质量检查与验收》（GB/T 24356—2009）、质检样图、CASS 软件，全站仪及配套测量器材、钢尺、手持测距仪。

三、步骤与方法

（一）产品质量检查

运行 CASS9.1 软件，打开教师提供的测区地形图或者本项目的质检样图，详查应根据单位成果的质量元素及相应的检查项,按项目技术要求逐一检查样本内的单位成果,并统计存在的各类错漏数量、内容等记录在表 4-1-1 中;然后分组比较及交流记录错误的内容及数量,各自体会自己没有查出的错误,写出质量检查心得体会。

1. 基本要求的检查

文件名及数据格式的检查包括:

(1)检查文件命名格式与名称的正确性。

(2)检查数据格式、数据组织是否符合规定。

2. 数学精度的检查

(1)检查采纳的空间定位系统的正确性。

(2)将图廓点、首末公里网、经纬网交点、控制点等的坐标按检索条件在屏幕上显示,并与理论值和控制点的已知坐标值核对。

3. 属性精度的检测

(1)检查各个层的名称是否正确,是否有漏层。

(2)逐层检查各属性表中的属性项类型、长度、顺序等是否正确,有无遗漏。

(3)按照地理实体的分类、分级等语义属性检索,在屏幕上将检测要素逐一显示或绘出要素全要素图(或分要素图)与地图要素分类代码表,和数字化原图对照,目视检查各要素分层、代码、属性值是否正确或遗漏。

(4)检查公共边的属性值是否正确。

(5)采用调绘片、原图等方式检查注记的正确性。

4. 逻辑一致性检测

(1)用相应软件检查各层是否建立了拓扑关系及拓扑关系的正确性。

(2)检查各图层是否有重复的要素。

(3)检查有向符号、有向线状要素的方向是否正确。

(4)检查多边形的闭合情况,标识码是否正确。

(5)检查线状要素的结点匹配情况。

(6)检查各要素的关系表示是否合理,有无地理适应性矛盾,是否能正确反映各要素的分布特点和密度特征。

(7)检查双线表示的要素(如双线铁路、公路)是否沿中心线数字化。

(8)检查水系、道路等要素数字化是否连续。

5. 完备性及现势性的检测

(1)检查数据源生产日期是否满足要求,检查数据采集时是否使用了最新的资料。

(2)采用调绘片、原图、回放图,必要时通过立体模型观察检查各要素及注记是否有遗漏。

6. 整饰质量检查

对于地图制图产品,应检查以下内容:

(1)检查各要素符号是否正确,尺寸是否符合图式规定。

(2)检查图形线画是否连续光滑、清晰,粗细是否符合规定。

(3)检查各要素关系是否合理,是否有重叠、压盖现象。

(4)检查各名称注记是否正确,位置是否合理,指向是否明确,字体、字大、字向是否符合规定。

(5)检查注记是否压盖重要地物或点状符号。

(6)检查图面配置、图廓内外整饰是否符合规定。

7. 附件质量检查

(1)检查所上交的文档资料填写是否正确、完整。

(2)逐项检查元数据文件内容是否正确、完整。

以小组为单位,通过 CASS 软件,打开教师提供的质检样图(见二维码资料包),按照数字地形图产品质量检查的方法,进行逐项检查,将检查结果录入表中,完成表 4-1-1(参考答案见二维码文档中"项目四　地形图质量检查表参考答案")。

表 4-1-1　数字地形图产品存在错误记录表

质量元素	存在的错误
基本要求	
数学精度	
属性精度	
逻辑一致性	
要素完备性	
整饰质量	
附件质量	
其他	

(二)数学精度检查

使用仪器设备(全站仪及配套测量器材)到测区进行实地同精度检查,检查的内容主要包括地物点平面精度检查、地物点间距精度检查和地形点高程精度检查,根据检查数据填写表格,计算点位精度。

1. 选择检测点的一般规定

数字地形图平面检测点应是均匀分布、随机选取的明显地物点。平面和高程检测点的数量视地物复杂程度、比例尺等具体情况确定,每幅图一般各选取 20~50 个点。

2. 检测方法

野外使用全站仪数据采集选定地物点和高程点,用钢尺或手持测距仪量测相邻地物点间距离时,量测边数量每幅一般不少于 20 处。

3. 同精度地物点平面精度中误差检测计算

当采用与原来野外数字测图同等级仪器测定监测点坐标时,根据式(4-1-1)即可计算出 x 坐标的中误差 m_x 和 y 坐标的中误差 m_y。

$$m_x = \pm\sqrt{\frac{\sum_{i=1}^{n}(X_i - x_i)^2}{2n}} \tag{4-1-1}$$

$$m_y = \pm\sqrt{\frac{\sum_{i=1}^{n}(Y_i - y_i)^2}{2n}} \tag{4-1-2}$$

然后根据式(4-1-3)计算出监测点的点位中误差 m_P。

$$m_P = \pm\sqrt{m_x^2 + m_y^2} \tag{4-1-3}$$

以小组为单位，通过全站仪及配套测量器材，按照同精度检测方法，复测 30 个地物点的检测坐标及质检样图图面的原坐标来计算其精度，并完成表 4-1-2（表 4-1-2 中检测坐标数据见二维码文档中“项目四　数字精度检测各实训表检测数据”）。

表 4-1-2　地物点平面精度检测表

序号	点号	原坐标（m）		检测坐标（m）		ΔX（cm）	ΔY（cm）	ΔP（cm）
		x	y	x	y			
1								
2								
3								
4								
5								
6								
7								
8								
9								
10								
11								
12								
13								
14								
15								
16								
17								
18								
19								
20								
21								
22								
23								
24								
25								
26								
27								
28								
29								
30								

点位中误差：　　　　　　　　　　　　　　粗差率：

4. 同精度相邻地物点之间间距中误差检测计算

由于是同精度检测，故外业检测的边长和在数字地形图上量测相应的边长 S_i，可认为是等精度观测值，则可以利用式（4-1-4）计算边长中误差 m_S。

$$m_S = \pm \sqrt{\frac{\sum_{i=1}^{n} \Delta S_i^2}{2n}} \tag{4-1-4}$$

以小组为单位,通过钢尺或手持测距仪,按照高精度检测方法,复测 30 个地物点的检测边长及质检样图的图面反算边长来计算其精度,并完成表 4-1-3(表 4-1-3 中检测边长数据见二维码文档中“项目四　数字精度检测各实训表检测数据”)。

表 4-1-3　地物点间距精度检测表

序号	点号	点号	反算边长 S(m)	检测边长 S(m)	较差值 ΔS(m)
1					
2					
3					
4					
5					
6					
7					
8					
9					
10					
11					
12					
13					
14					
15					
16					
17					
18					
19					
20					
21					
22					
23					
24					
25					
26					
27					
28					
29					
30					

精度统计(同精度检测)的间距中误差:　　　　　　　　　　粗差率:

5. 同精度检测高程中误差计算

由于是同精度检测，故外业检测的高程 H_i 和在数字地形图上量测相应的高程 H'_i，可认为是等精度观测值，则可以利用式(4-1-5)计算高程中误差 m_H。

$$m_H = \pm\sqrt{\frac{\sum_{i=1}^{n}\Delta h_i^{\,2}}{2n}} \tag{4-1-5}$$

以小组为单位，通过全站仪及配套测量器材，按照同精度检测方法，复测 30 个地物点的检测高程及质检样图的图面高程来计算其精度，并完成表 4-1-4(表 4-1-4 中检测高程数据见二维码文档中"项目四　数字精度检测各实训表检测数据")。

表 4-1-4　地物点高程精度检测表

序号	点号	图面高程 H'(m)	检测高程 H(m)	较差值 Δh(cm)
1				
2				
3				
4				
5				
6				
7				
8				
9				
10				
11				
12				
13				
14				
15				
16				
17				
18				
19				
20				
21				
22				
23				
24				
25				
26				
27				
28				
29				
30				

精度统计(同精度检测)的高程中误差：　　　　　　　　粗差率：

四、注意事项

(1)编辑、整理经数据处理后所生成的图形数据文件,对照外业草图,修改整饰新生成的地形图。

(2)图上地物、地貌是否清晰易读,各种符号注记是否正确。

(3)等高线与地形点的高程是否相符,图边拼接有无问题等。如发现错误或疑点,应到野外进行实地检查修改。

(4)数据的层、代码、颜色、属性正确和齐全,图外整饰规范,各类注记符合要求,各类文档资料整理符合设计要求。

(5)分析检测数据,检查各项误差是否符合正态分布。分析检测资料,凡误差大于2倍中误差的检测点应校核检测资料,避免由于检测造成的错误。大于2倍标准中误差的检测资料,一律视为粗差予以剔除,不参加中误差计算,但统计粗差率。

五、实训成果

(1)数字地形图产品存在错误记录表。

(2)地物点平面精度检测表。

(3)地物点间距精度检测表。

(4)地物点高程精度检测表。

(5)检查验收后新生成的地形图。

(6)质量检查心得体会。

六、成绩考核

(1)自我评价与组员互评。

自我评价与组员互评

项目名称					
实训场地		组别姓名		班级学号	
序号	考核项	分值	实训要求	自我评定	备注
1	实训态度、思想意识	20	实训态度认真,思想意识高		
2	实训纪律	10	遵守实训纪律,服从老师、组长管理		
3	数据精度检查的准确性	10	符合相关规范要求		
4	实训内容完成情况	40	能独立完成各实训内容		
5	实训内容完成时间	10	能按时完成各实训内容		
6	检查验收的记录及存档	10	验收记录完整存档		
实训总结与反思:					
组长评价:________　小组其他同学评价:____					

(2)教师评价。

实训指导教师评价

项目名称					
实训场地		组别姓名		班级学号	
序号	考核项	分值	实训要求	考核评定	备注
1	实训态度、思想意识	20	实训态度认真,思想意识高		
2	实训纪律	10	遵守实训纪律,服从老师、组长管理		
3	数据精度检查的准确性	10	符合相关规范要求		
4	实训内容完成情况	40	能独立完成各实训内容		
5	实训内容完成时间	10	能按时完成各实训内容		
6	检查验收的记录及存档	10	验收记录完整存档		
存在问题:					
指导教师:____________________________________　评价时间:__________年______月______日					

【思政小课堂】

大同市某测绘有限责任公司违反《中华人民共和国测绘法》典型案例

事件介绍：

2021 年 1 月 28 日，山西省自然资源厅召开新闻通气会，向社会通报了一起“三调”工作中违反《中华人民共和国测绘法》的典型案例，大同市某测绘有限责任公司因违反《中华人民共和国测绘法》，不按规定作业生产，敷衍塞责，弄虚作假，被作为山西省典型案例通报。

事件经过：

2017 年，国务院决定开展第三次全国土地调查，测绘资质单位成为完成“三调”工作的一支不可或缺的重要队伍。这期间，绝大多数测绘资质单位能够严格按规程作业，坚持职业操守，有力支撑了山西省“三调”工作的全面完成。但也有个别测绘资质单位不认真履行合同，不按规定作业生产，敷衍塞责，弄虚作假。

大同市某测绘有限责任公司是山西省浑源县国土三调项目公开招标后中标的作业单位，2019 年 4~5 月，该公司外业人员未按照第三次全国土地调查规程进入建筑物内部调查举证，内业人员在举证照片已反应明显存在建设用地的情况下，违反调查规程合并 6 个调查图斑（含设施农用地、水浇地、农村宅基地 3 种地类），将位于该县某镇某村实地明显为休闲娱乐、办公性质的建筑、花坛、广场、绿化等建设用地的图斑，按设施农用地入库上报，图斑面积为 119.34 亩，其中错误调查为设施农用地面积约 20.4 亩。

大同市某测绘有限责任公司违反调查规程导致调查错误，生产不合格成果，在全国“三调”办和省三调办 4 次指出问题的情况下，仍未按要求进行实地核实，虚假整改、敷衍整改，致使国家通报“山西省大同市浑源县三调办虚假承诺整改到位问题”为弄虚作假重大典型问题，产生的后果十分严重。

大同市某测绘有限责任公司的上述行为违反了《中华人民共和国测绘法》第三十九条“测绘单位应当对完成的测绘成果质量负责”的规定。

处理结果：

依据《中华人民共和国测绘法》第六十三条：“违反本法规定，测绘成果质量不合格的，责令测绘单位补测或者重测；情节严重的，责令停业整顿，并处降低测绘资质等级或者吊销测绘资质证书；造成损失的，依法承担赔偿责任。”山西省自然资源厅于 2021 年 1 月 20 日给予大同市某测绘有限责任公司吊销测绘资质证书（乙测资字 1410258）的行政处罚，大同市有关部门也已给予该公司 20 万元的经济处罚。

通过本次思政小课堂的学习，使学生认识到测绘成果真实严谨的重要性，在测绘工作中时刻注意测量数据和测绘成果质量的真实性和正确性，培养学生良好的测绘精神和职业素养。

项目五　大比例尺地形图综合实训

码 5-1　项目说明

第一篇　实训标准篇

码 5-2　实训标准篇

一、数字地形测量综合实训的性质、目的与任务

数字地形测量综合实训是配合专业理论课《数字地形测量》及《测绘 CAD》授课内容而设计并进行的综合实训,数字地形测量综合实训标准是参考数字地形测量课程标准编写的,数字地形测量实训是测绘各专业的一门实用性很强的专业基础实训课程,是培养学生综合素质和职业能力的重要教学环节。

本实训的主要任务是依据行业职业岗位能力,培养学生的自我实践动手能力和职业素养,使学生熟练掌握测绘常规仪器水准仪和全站仪的使用方法,了解最基本的仪器维护知识;使在课堂学到的数字地形测量基本理论知识进一步理解和消化;掌握数字地形测量的基本作业方法及作业流程;熟练掌握大比例尺数字地形图测绘的基本操作技能;并培养学生团结协作、严守规范、严谨、认真、踏实的工作作风和安全意识,培养学生吃苦耐劳、爱岗敬业、良好的沟通能力等职业素养,培养学生勤奋的学习精神,为后续专业学习打下坚实的基础。

二、综合实训项目、实训方法、实训成果及课时分配

综合实训项目、实训方法、实训成果及课时分配见表 5-1-1。

表 5-1-1　综合实训项目、实训方法、实训成果及课时分配

序号	实训项目	实训方法	地点	实训成果	课时	备注
1	仪器设备借领;水准仪、全站仪一般性检查	教师讲解检查、学生完成	驻地	检查情况报告	0.5	组长负责登记所领仪器设备的数量
2	水准仪架设、观测、记录、手簿计算;i角检校	教师讲解全站仪架设、观测、记录、手簿计算、技术指标要求;学生练习操作	基地周边	i角检查记录计算表	1	每组成员分成两小组对两种仪器进行检查,4 个小时轮换一次
	全站仪架设、观测、记录、手簿计算;照准误差、竖盘指标差检查			$2c$检查记录计算表,竖直角指标差检查记录计算表		

续表 5-1-1

序号	实训项目	实训方法	地点	实训成果	课时	备注
3	闭合水准路线观测、记录、手簿计算（四等）	教师讲解观测、记录、手簿计算格式、技术指标要求；学生轮流练习操作	基地周边	每个人签名的记录、计算手簿（至少4站）	1	每组成员分成两小组对两种仪器逐人轮换观测、记录、扶尺、立镜；4个小时轮换一次
	水平角观测、记录、手簿计算（练习两测回法）			每个人签名的记录、计算手簿（至少两方向4测回）		
4	附合水准路线观测、记录、手簿计算（四等）	教师讲解观测、记录、手簿计算格式、技术指标要求；学生轮流练习操作	基地周边	每个人签名的记录、计算手簿（至少观测、记录8站）	1	每组成员分成两小组对两种仪器逐人轮换观测、记录、扶尺、立镜；4个小时轮换一次；组长负责挑选4个对两种仪器可独立观测、记录、计算手簿者
	竖直角、距离观测、记录、手簿计算（练习两测回法），全站仪采集模式的测站设置			每个人签名的记录、计算手簿（至少两个方向4测回）		
5	测区划分、了解已知点成果，测区踏勘，作图根选点计划	教师带领，实地踏勘、找已知点位，讲解如何选图根点、编号，图根点的作用，选点时应考虑的技术要求，如何联测；学生选点并布设图根导线	基地各班测区	选点计划略图（包括联测方案）	0.5	以组为单位，每组所选图根点不少于5个，至少布设一条图根导线，除非特殊情况，一般均应布设成附合导线
6	实地选图根点、打桩、标记点号	教师指导，学生操作	各班测区	联测略图、每人的选点总结	0.5	以组为单位进行；每人应写一份有关如何选图根点、编号、图根点的作用、选点时应考虑的技术要求、如何联测等内容的总结

续表 5-1-1

序号	实训项目	实训方法	地点	实训成果	课时	备注
7	图根导线平面控制观测、记录	教师指导,学生操作	各班测区	观测手簿	1	以组为单位与相邻组的棱镜组合,观测完成,再把两套棱镜交邻组使用。邻组可先进行水准观测
	图根导线三角高程控制测量					当图根点之间有较大的高差或坡度较大、跨越较宽冲沟(≥40 m)且绕行较远时采用此法
	图根导线高程水准联测的观测、记录(等外水准)					水准路线观测最好当天完成
8	图根导线观测、记录	教师指导、学生操作	各班测区	观测手簿	1	同上,继续
9	图根导线观测、记录	教师指导、学生操作	各班测区	观测手簿	1	同上,继续
10	图根导线观测、记录	教师指导、学生操作	各班测区	观测手簿、联测略图、计算手簿	1	继续未完成的观测
	图根导线计算	教师讲解复习有关导线计算的知识,学生利用各组自己的观测数据进行计算	室内			要求两人一套计算成果
11	图根导线计算	教师辅导,学生计算	室内	联测略图、计算手簿	1	发现属于施测问题及时返工
12	图根控制成果整理、装订				0.5	在测量计算手簿中,要写图根控制成果说明,并以小组为单位撰写图根控制技术总结,个人写阶段总结

续表 5-1-1

序号	实训项目	实训方法	地点	实训成果	课时	备注
13	技能竞赛(可设水准、导线、计算三个单项)	学生干部配合教师组织开展	基地周边	比赛观测、计算手簿	1	上午水准观测、下午导线观测、晚上计算
14	全站仪数据采集准备(电池检查、已知点坐标数据、草图纸、设值测站和后视、前视检查)	教师讲解示范;学生轮流练习操作	基地周边	草图和坐标数据文件	0.5	各组做好组员分工,团结协作。要求各人对仪器操作能够独立完成
15	全站仪数据采集(地物编辑为主)、数据通信与图形编辑	教师讲解地形元素采集时注意事项和图形编辑的要求;学生操作	各班测区	草图和坐标数据文件、DWG 格式图形成果	2	白天采集,晚上对当天所测数据进行图形编辑;特别强调每站必须进行检查,坐标无误方可迁站
16	全站仪数据采集(地貌编辑)、数据通信与图形编辑	教师重点讲解高程碎部点采集与等高线绘制的关系,图形编辑时对三角网的合理处理;学生操作	各班测区	草图和坐标数据文件、DWG 格式图形成果	2	白天采集,晚上对当天所测数据进行图形编辑
17	图廓整饰与接边	教师讲解要求;学生操作	室内	以班级组号命名的坐标数据文件、DWG 格式图形文件	1	未完成采集的继续,漏测的补测。注意整饰内容的完整
18	检查图纸、查图、记录表打印	教师做;学生做查图准备	室内	各组坐标数据文件、DWG 格式图形文件	0.5	
19	查图(地理精度和位置精度检查)与修改	指导教师对每组所测图中的问题实地进行检查	测区	检查记录	1	地物位置精度选一个测站打点抽查;属性表示的合理性与错漏,采用巡视检查方法

续表 5-1-1

序号	实训项目	实训方法	地点	实训成果	课时	备注
20	补测与修图	教师指导,学生操作			1	对漏测的实地补测,属性错的实地对照修改,并及时到室内编辑
21	成果与个人技术总结提交,对技术和表现稍差的学生进行基本测试	教师组织收齐、存档		各组坐标数据文件、修改后的 DWG 格式图形文件、草图	1	
22	归还仪器设备				0.5	
23	机动				0.5	
合计					21	

说明:导线等级、水准路线等级可根据测区情况自由选择,本实训按照图根导线、图根水准路线进行施测。如遇阴雨天气,外业无法进行,由各指导老师安排进行室内学习、总结、手簿记录训练、计算训练、利用 CASS 测图软件学习绘图等。

三、综合实训考核标准

(一)考核目的

综合考核学生地形测量基本知识的掌握情况,是否达到实地测绘数字地形图所需的基本技能。

(二)考核原则

(1)综合实训指导教师应当坚持到学生实训现场,这样才能及时发现学生在训练中存在的问题,并及时进行指导和讲解。

(2)考核必须采取客观的、统一的标准,防止对学生的综合实训活动和完成的工作采取主观的、偶然的和随意的评定。

(3)教师评定学生的成绩应当是公正的、准确的,能够真实地反映学生的知识、技能和技巧的实际水平,保持成绩的真实性和严肃性。要公开评分标准和每一个学生的综合实训各项目成绩,使成绩成为鼓舞学生努力学习的积极因素,让学生知道为什么会得到这个成绩,今后应如何发扬优点,克服缺点。

(三)考核形式与方法

采用过程性跟踪评价方法,每进行一步实操训练,学生均需提交一定的训练手簿和成果。指导教师判阅、登记。

(四)考核要点标准

考核要点标准见表 5-1-2。

表 5-1-2　考核要点标准

项目内容	考核要求	分值	得分
水准仪使用 (15 分) 5 min 1 站 10 min 2 站	1. 熟悉仪器各部件名称及作用	2 分	
	2. 能理解水准点、原点概念;正确设置尺垫	3 分	
	3. 按规范观测、读数、记录	3 分	
	4. 正确计算并得到合格成果	3 分	
	5. 迁站时,正确手持仪器	1 分	
	6. 能对仪器进行 i 角检验	3 分	
全站仪使用(15 分) 20 min 测回 法观测两测回; 观测(包含 垂直角、距离)	1. 能熟练掌握仪器各部件名称及键盘按键作用、功能	2 分	
	2. 能正确取出、安置仪器	2 分	
	3. 能熟练对中、整平	4 分	
	4. 能按正确方法进行水平角、垂直角及距离观测	4 分	
	5. 能按规范记录、计算及得到合格成果	3 分	
控制测量(15 分) 完成 2 个导线点 的平面及三角 高程、导线测算	1. 能正确进行导线布设	3 分	
	2. 能按规范要求进行水平角、垂直角及距离观测	3 分	
	3. 能按规范记录与计算	3 分	
	4. 能够独立进行导线计算	3 分	
	5. 能够得到合格成果	3 分	
数据采集(15 分)	1. 理解全站仪数据采集原理	3 分	
	2. 能正确进行测站点设置、定向与前视测量	3 分	
	3. 能合理、清晰地绘制采集草图	3 分	
	4. 理解地物间的相对位置关系含义,能正确利用它们之间距离或方向间接得到待求点位	4 分	
	5. 对需采集的特征点能正确跑镜、立镜,并控制采点密度	2 分	
数据处理(30 分)	1. 正确进行数据传输与格式转换	4 分	
	2. 正确展点、认知实地地物与符号对应并进行绘制	5 分	
	3. 认识各种地貌类型	4 分	
	4. 理解等高线,能进行现场绘制	4 分	
	5. 能合理处理软件自动生成的等高线	5 分	
	6. 正确进行图形分幅与拼接	3 分	
	7. 正确进行图幅整饰	5 分	
成果检查与提交 (10 分)	1. 能正确进行成果检查	3 分	
	2. 能编写数字测图技术总结	5 分	
	3. 正确罗列提交资料列表	2 分	

(五)成绩评定

成绩评定见表 5-1-3。

表 5-1-3 成绩评定

项目	分值	优秀	良好	中等	及格	不及格
		100~90	89~80	79~70	69~60	59~0
专业综合技能	50	实训过程中能充分灵活运用知识、技能,全面完成实训中的各项要求	实训过程中能较好地运用知识、技能,较好地完成实训要求	实训过程中能运用知识、技能,完成实训各项要求	实训过程中能运用知识、技能,达到实训各项基本要求	实训过程中不能运用知识、技能,未达到实训各项基本要求
实训成果、报告评价	30	能认真做好实训日志;实训成果、报告精确可靠,干净整洁;70%以上各项误差在 1/2 限差内	能认真做好实训日志;实训成果、报告较完整;50%以上各项误差在 1/2 限差内	能认真做好实训日志;实训成果、报告基本符合规范要求;各项误差在限差内	能认真做好实训日志;实训成果、报告基本符合要求;个别超限的已经过改正	实训日志不认真;成果资料不齐全;成果有较大错误、抄袭、报告雷同
综合表现(出勤、纪律、文明、仪器损坏)	20	实训中积极主动,虚心好学,严格按照要求完成任务;全勤,综合表现好	实训中态度认真,能较好地完成任务;全勤,综合表现良好	实训中表现良好,能完成任务;有缺勤	实训中表现一般,在老师及学生帮助下基本完成任务;有不爱护仪器、请假、不文明行为	实训表现差,态度不端正,严重违纪,缺勤 3 次以上,未能完成任务,有损毁仪器情况

(六)综合实训成绩实行加减分制度

凡有下列情况者,由综合实训教师提出,可酌情考虑加分或减分。

(1)在综合实训中制止他人违章操作、违反规章制度,避免了人身事故,使设备免受损失者,除给予表扬或奖励外,可适当提高综合实训总评成绩。

(2)在综合实训中提出合理化建议和技术革新被采纳者,可适当提高实训成绩。

(3)在实训中出色完成任务者,以及在基地举行的技能比赛中成绩优秀者,可适当提高实训成绩。

(4)在实训中违章操作、违反规章制度、造成人身事故,或损坏设备、工具者,除给予批评或赔偿处罚外,可适当降低综合实训成绩。

(5)因违反操作规程或工作纪律而造成重大责任事故或造成恶劣影响有损学校荣誉者,综合实训成绩为不及格。

(6)在综合实训中有不服从教师安排、违反综合实训课堂纪律、不安全文明等行为者,视情节轻重给予扣分。

(7)在技能考核中作弊者,该项成绩按零分计。

(七)成果、成绩存档

学生实训的原始资料、计算手簿、成果、总结报告,要装入档案袋,统一存放。

学生综合实训成绩记入学生成绩档案。

四、实训成果内容及整理装订

(一)实训成果内容

实训成果主要包括练习成果、图根控制成果、测图成果以及技术总结。

(1)练习成果指每个同学练习的观测记录和计算手簿,即有每个人签名的记录、计算手簿(水准至少观测、记录12站,全站仪至少满足两个方向8测回的要求)。

(2)以组为单位的水准仪 i 角检验表。

(3)以组为单位的图根控制成果,包括图根点选点方案、略图、观测手簿、计算手簿(3套)、图根控制点成果表、成果说明、技术总结等。

(4)测图成果以组为单位,主要包括碎部点坐标文件、草图、图形文件和技术总结。

(二)成果整理、装订

每步工作结束后,均应对成果资料进行整理并装订,图根控制测量计算手簿装订顺序为:

(1)封面测绘单位[(班组)、测图比例、日期、测量、检查人员、总页码等信息填写齐全]。

(2)图根控制测量成果说明(手写,可用稿纸或白纸):选布图根点情况介绍(已知点、选点数、导线长度、平均边长),施测方法,使用的仪器,测量时间,测量时出现的问题、原因及解决方法,精度情况的说明,是否满足下一步进行碎部点采集对已知点精度、密度和分布的要求。

(3)目录。

(4)水准路线联测略图。

(5)高程误差配赋计算表。

(6)光电测距图根导线联测略图。

(7)导线计算表。

(8)图根控制点成果表。

(9)封底。

观测手簿和技术总结不装订,另装入档案袋中。

五、综合实训纪律要求

(一)实训场纪律规定

(1)应根据实训计划和老师的安排在指定的区域进行综合实训。

(2)参加实训的学生应听从指导教师的安排,不得迟到、早退,尊敬师长,团结同学,服从管理,同学之间不得寻衅闹事,对打架等恶性事件的责任人将严肃处理。

(3)严格遵守安全生产规定。

(4)严禁坐仪器箱,仪器设备、器材旁边(3 m内)必须有人看护。

(5)要保证仪器安全,严禁对仪器违规操作和危险架设,对不当操作引起仪器损坏的,按学校相关规定处理。

(6)严格遵守作息制度,禁止夜不归宿。

(7)严禁实训时段玩手机。

(8)严禁浪费粮食和水资源。

(9)严禁休息时间大声喧哗。

(10)文明实训,不在实训地乱扔废弃物,保证实训区域的环境卫生整洁。配合辅导员做好寝室和基地卫生。

(11)爱护并文明合理地使用驻地公用设施。

(12)讲究卫生,不随意丢弃废弃物,不乱倒剩饭菜,不随地大小便,不乱泼污水,禁止从楼上向下倒脏水。

(13)未经允许,不得进入厨房操作间,对不听劝阻者给予警告。

(14)严禁穿拖鞋、高跟鞋进入测区训练。

(15)禁止捕捉小动物,例如:蛇、兔、山鸡、螃蟹、蝌蚪、青蛙等小动物。

(16)严禁野外纵火、砍伐和损坏山上林木。

(17)禁止爬山和游泳,对违反者,视其情节轻重给予警告直至留校察看纪律处分。

(18)严禁随意践踏、损坏老乡的农作物,搞好与当地群众的关系,禁止偷食当地群众的瓜果蔬菜,作业中要爱护庄稼,禁止恶意踩踏庄稼。

(19)禁止吸烟、饮酒,对违反规定者给予警告处分。

(20)外业实训,实行小组长负责制,小组长每天应向指导老师汇报当天小组的实训情况、组员出勤情况,对无故不出勤实训者,应及时报告,对瞒报、谎报的小组长,给予相应纪律处分。

(二)实训场文明宿舍制度

(1)爱护公共财物,不得随意破坏公共财产。

(2)保持室内卫生情况,被褥叠放整齐,不随手丢弃废弃物,乱泼脏水。墙上不得随意张贴物品、胡写乱画、钉钉子。

(3)节约用电,注意用电安全,不私拉乱接电线。

(4)男女生禁止互相窜寝室。

(5)熄灯后,应及时就寝。严禁熄灯后大声喧哗,来回走动,影响他人休息,夜不归宿。

(6)实行临时宿舍长负责制,宿舍长负责本宿舍的卫生值日人员的安排,晚上熄灯后人员的清查,对夜不归宿者,及时上报外业实训队。对瞒报谎报的宿舍长,给予相应的纪律处分。

(7)实行轮流值日制度。当日值日生,应保证本宿舍的环境卫生,对不值日者,由宿舍长报班主任,对其教育后仍不悔改,给予相应纪律处分。

(三)文明就餐制度

(1)节约粮食,严禁浪费,应根据自己的需要合理适当取用主食。吃不完的应及时送回厨房;禁止多拿多占。对浪费者给予批评教育,仍不改者,给予一定的纪律处分。

(2)文明就餐,排队打饭,禁止插队或捎带(排队打饭,要按实训班级排队,由当日值日生负责主食的分发工作)

(3)禁止带饭回宿舍就餐,不听劝阻者,给予一定的纪律处分。

(4)不允许就餐时发生哄抢现象,不得使用个人餐具直接到公共餐具中取用主食,应由值日生使用公共餐具分发。

公用饭菜盆,用后应及时清洗,送还厨房,对不洗、不送影响其他同学就餐者,应承担相应的责任,甚至给予一定的纪律处分。

禁止乱倒剩饭菜。菜汤等少许剩饭应倒入指定地点。

就餐时间　　早上:06:30~07:00

　　　　　　中午:12:00~13:00

　　　　　　下午:18:30~19:00

根据实训工作安排、天气和季节等实际情况,就餐时间可能会做适当的调整。若因工作错过就餐时间,由厨房补做。

六、测区内的控制资料

测区的基础控制资料由每批实训的技术负责人根据需要分发。基础控制资料包括控制点坐标、高程以及点位的影像记录。

七、仪器设备、器材保障

1. 水准仪

以组为单位,每组 S_3 水准仪一台,水准仪脚架一副,3 m 水准标尺一对,尺垫一对。

2. 全站仪

以组为单位,每组全站仪一台,全站仪脚架三副,带基座单棱镜两个,对中杆两个。

3. 实训队用仪器

GNSS-RTK 接收机两台。

4. 备用仪器

备用水准仪 5 台(含脚架)/批、备用全站仪 5 台(含脚架、棱镜)/批。对中杆 10 个/批、电子水准仪一台(含条码尺、尺台)/批。

5. 电脑

以组为单位,每组笔记本电脑一台。

6. 绘图机

每批实训应配备 A1 幅面绘图机一台。

7. 其他器材

钢卷尺一个/组、斧头或锤子一个/组、工具包一个/组、记录板 2 个/组、订书机 2 个/班、接线板 3 个/班。

8. 耗材种类

木桩、油漆、标志钉、小铁钉、水泥钉、油性记号笔、档案袋、胶水、计算手簿、略图纸,观测手簿、草图纸、稿纸、笔记本、水笔(黑、红笔各一)、2H 或 3H 绘图铅笔、刀片、砂纸。

八、师资力量保障

每批次需设立队长一名,技术总负责一名,学生专职管理人员一名,每班配备主讲教师和辅导教师各一名,伙食管理人员一名。

(一)队长职责

(1)负责外业实训队的全面工作。

(2)教育引导学生养成良好的职业道德,教育学生注意安全、遵守纪律、爱护仪器、器材、爱护群众庄稼。

(3)负责与当地行政职能等部门协调,保证外业实训顺利进行。

(4)负责实训场师生、员工的全面管理,包括思想教育、安全卫生设施管理,安排住宿、监督业务实施、掌管实训队全部开支,对外代表学校联络及处理有关事情(重大事情应事先向学校请示或处理后及时汇报)等。

(5)负责(或指定专人)对所有外业教职工的考勤,实训结束后及时将考勤表上报教务处。

(6)负责组织召开每天工作例会,安排每天任务;协调并解决实训中出现的问题。

(7)完成学校安排的其他工作。

(二)技术总负责职责

(1)负责制订外业实训技术计划和进度计划,经教学部审核后于实训前一周报教务处,并统一分配实训任务;负责(或委派主讲教师)实训阶段的讲课,做阶段小结,现场做示范辅导;掌握实训进度,严格把握实训质量。

(2)负责实训成果资料的检查、验收和成绩审定,认真做好实训结束后的总结工作并将实训工作总结以书面形式报实训管理中心;收集整理实训成果,及时上交相关部门存档。

(三)实训指导教师职责

(1)在外业实训队长的领导下开展工作;须认真负责,严格要求学生,既要抓学生的工作业务,又要抓学生的思想、纪律、生活、安全等,对学生进行全面管理和考核。

(2)实训指导教师须按时到现场辅导示范(每天辅导时间 08:00~11:00;14:30~17:30),及时了解学生的作业情况,及时解决学生实训中的问题,不允许蹲守在校园内等学生来问问题;未经队长允许不到现场指导的教师,除进行批评教育外,还扣除其相应课时。

(3)实训指导教师必须及时检查所带实训班级各小组的作业成果,发现问题及时向学生指出并记录,每天晚上老师要检查学生当天的实训成果。对检查过的成果,指导教师必须签名以示负责。

(4)每天早上出测前,实训指导老师应集中向学生布置任务,指出以往存在的问题,讲明观测注意事项,使学生清楚当天的作业任务。

(5)实训指导教师不得无故离开实训场,确有事时应向队长请假,批准后方可离队,并按时返回。非因公离开实训场并未请假者扣除相应的外业补贴和课时。

(6)指导教师必须做好学生成绩评定工作，做好学生的业务记录及平时表现情况记录，严格按照评分标准评定学生实训成绩。学生实训成绩评定后交队长审定。

(7)完成学校安排的其他工作。

(四)学生专职管理人员职责

(1)在外业实训队长的领导下开展工作;做好外业实训班级班主任队伍建设工作，并指导实训班级的代班主任做好班级的日常管理工作及学生思想教育工作。

(2)负责对学生干部(包括团干部)的管理和培养，并领导他们协助实训队完成以下日常工作:

检查作息情况，包括起床、内务、就寝、熄灯，认真填写"考勤、作息和卫生情况登记表"，并及时向队长汇报检查结果和缺勤违纪人员。

督促检查实训场内卫生及寝室卫生，填写"卫生情况"，评比文明寝室和文明个人，对卫生值日差的提出批评，次日早上出测前公布检查结果，并向当天值日员交班。

配合伙食管理工作人员维持就餐秩序，安排好食堂打饭、卫生值日。

组织开展文体活动、黑板报宣传栏、表扬好人好事，批评不良行为，组织收看视频，向校广播站投稿等。

(3)负责对实训班级及学生考核及奖惩。

(4)完成学校安排的其他工作。

(五)伙食管理人员职责

(1)在外业实训队长的领导下开展工作;负责实训场食堂的管理及师生、员工一日三餐的保障与供应工作。

(2)负责制定每周食谱并及时公布，根据市场物价情况，制定合理的伙食标准。

(3)负责食品的采购，严格执行《中华人民共和国食品卫生法》，坚决杜绝"三无产品"进入食堂，不采购来源不明、有疑问的食品，并对每天采购食品进行登记入库，建立台账。

(4)督促炊事员按《中华人民共和国食品卫生法》要求保管食品，严格执行食品加工程序，对每餐食物进行 48 h 留样。

(5)负责实训期间实训场食堂炊具的使用、维护、管理工作。

(6)负责维持食堂就餐秩序(开饭前 10 min 与学生管理老师到岗)。

(7)负责学生餐厅周边环境卫生工作，定期组织清理，及时消毒、灭蚊蝇。

(8)定期向队长汇报伙食情况，在食堂宣传栏公布每天账目;收集大家对伙食的意见并及时改进。

(9)完成学校安排的其他工作。

九、安全保障

野外实训必须确保师生的人身安全，加强安全意识的教育。

(1)在训练和运输过程中确保仪器、器材安全，操作训练时，仪器、器材旁不得离人(3 m 内)，不得出现坐仪器箱和在仪器箱内放其他物品的现象。

(2)测绘生产和实训所用的已有地形图、影像图资料，控制点坐标数据等属于保密资料，在使用时不得损坏、丢失，重新得到的原始观测数据、控制成果数据和图件资料应妥善保管，不得损坏、丢失。

(3)野外实训过程中，沿主要交通路线行走和架设仪器时要时刻警惕往返车辆；携带仪器行走，不得跑跳，避免仪器损毁；注意饮食卫生，减少患病机会；注意衣着，测量时避免被荆棘刮伤。

第二篇　技术要求篇

码 5-3　技术要求篇

一、测区概况

(一)自然地理概况

某实训基地建于 2005 年，2006 年投入使用，可满足 350 人规模的实训。实训基地位于某市某山风景区西南侧，距某市区约 17 km，属于某市某乡管辖范围，测区北侧山体为白色石英岩的挡阳山，系嵩山山脉，因与少室山相连，故北魏前称少室通阜，其山势峻拔，风景秀丽。前寒武纪地层经“嵩阳”“中岳”“少林”三次造山运动，又受“燕山”运动推挤扭曲而成。山体以嵩山石英石为主，次为片岩、片麻岩。山表以褐土为主，覆盖松、柏、栎、刺槐、红榆、化香、山槐等林木，覆盖率 35%，产紫参、柴胡、桔梗、血参等药材。矿藏有铜、石英石、硅石、花岗石、钾长石、麦饭石等，西北侧钾长石、花岗岩已大量开发。测区周边分布有五个村庄。图 5-2-1 为某实训基地周边影像。

图 5-2-1　某实训基地影像

(二)交通状况

县道某线横穿测区南侧，测区东侧、北部、中部南北向有机耕路相连、乡村小路不多，交通条件一般。

(三)地貌、地物

测区属近似黄土性质的片麻页岩风化颗粒覆盖型丘陵地形，海拔高度在 480~585 m，地形呈北高南低走势，三条接近南北向的冲沟在测区南端交会，沟内只在雨后会有少量流水，典型的干河床，个别沟较陡、深，施测困难，冲沟两侧地形较为破碎，西侧丘陵高地呈西北、东南走向，丘陵东侧坡上和测区东侧机耕路两边栎树较多，通视条件较差。

测区内地物种类简单,居民地房屋及设施很少,以耕地(集中在测区中部冲沟两侧,种植小麦、玉米、红薯、花生、西瓜、少量蔬菜等)、树林(油松、侧柏、麻栎又名青冈、刺槐、沙兰杨等)地、经济林(苹果、桃、李、杏、板栗、葡萄等)地、灌木林(荆条、酸枣、白蜡条、紫穗槐等)地、草地、半荒草地等为主;测区北侧紧邻某市某农牧有限公司的果树种植基地。

(四)环境气候

某市属暖温带大陆性季风气候,年平均日照时数 2 297 h,年均温度 14.2 ℃,极端温度分别为 40.5 ℃和-15.1 ℃,全年大于 0 ℃的平均年积温为 5 178.8 ℃,无霜期 238 d;四季分明,温差大,常年干旱少雨,年均降水量 614 mm,降水量多集中在 6~8 月,占全年降水总量的 33.8%。

由于基地所在地区植物少,地表含水量低,导致白天温度高,夜间温度低,低温地方形成高压气团,高温地方形成低压气团,形成气压差,气压差越大风力越大,再加上缺少植被阻挡,风力很大。

又因特殊地貌作用,如图 5-2-2 所示,基地北侧有一个较大山口,受隘管效应(指空气通过山口和峡谷时流线加密,风速增高)影响,所以在测区一旦刮风,风力很大,此时会影响到学生实训时仪器的架设。

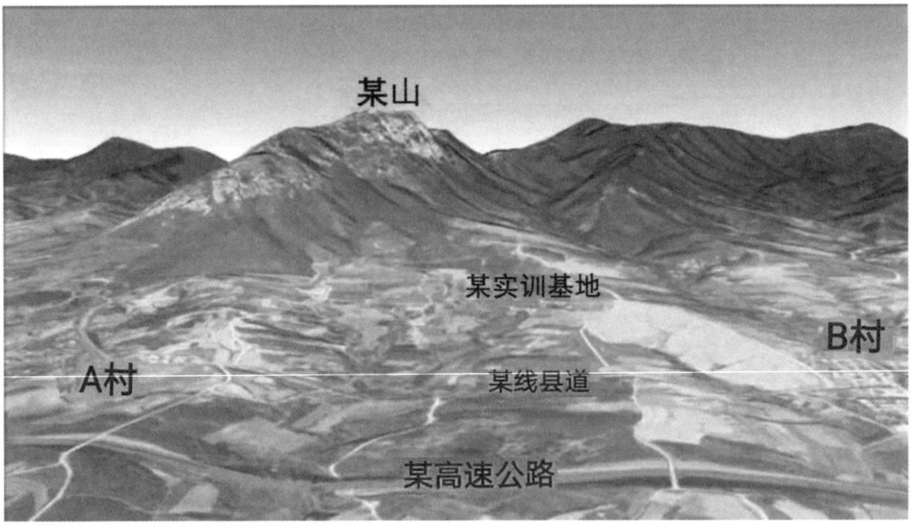

图 5-2-2　测区周边地貌

(五)水资源

测区内水资源有限,少量地表水主要指降雨形成的径流。由于岩性坚硬、完整,裂隙不发育,造成该地区深层贫水。浅层水的含水层为山前洪积物,含水层厚度为 2~5 m。同时受季节影响较大,遇干旱季节地下水枯竭。测区中南部沟内当地人拦截雨水形成两个较小汇水区(约 50 m×10 m),学校在 2006 年、2011 年先后在测区周围打两眼井,可满足 400 人规模的实训师生用水。

二、综合实训有关技术要求

（一）主要技术指标和规格

1. 技术标准

（1）《城市测量规范》（CJJ/T 8—2011）；

（2）《国家三、四等水准测量规范》（GB/T 12898—2009）；

（3）《1:500 1:1 000 1:2 000 外业数字测图规程》（GB/T 14912—2017）；

（4）《国家基本比例尺地图图式 第1部分：1:500 1:1 000 1:2 000 地形图图式》（GB/T 20257.1—2017）；

（5）《卫星定位城市测量技术标准》（CJJ/T 73 2019）；

（6）《全球定位系统（GPS）测量规范》（GB/T 18314—2009）；

（7）《测绘成果质量检查与验收》（GB/T 24356—2023）；

（8）《数字测绘成果质量检查与验收》（GB/T 18316—2008）。

2. 系统基准

平面坐标系统采用2000国家坐标系，高斯-克吕格投影，3°分带。高程基准采用1985国家高程基准。

3. 成图方法与成图比例尺、等高距

采用内外业一体数字化成图（全野外数据采集，室内编辑），基本等高距一般根据地形类别和用途需要选定。同一测区、同一幅图、同一比例应采用一种基本等高距。某实训基地地形为丘陵地，学生实训的成图比例尺定为1:500，基本等高距定为1.0 m。

4. 图根控制点的密度

图根控制点（包括高级控制点）的密度，应以满足测图需要为原则，对一般平坦且开阔地区，数字成图时，图根点的密度满足每幅图不少于4个点的要求。

5. 高程注记点的密度

高程注记点在地形图上的间距为2~3 cm（基本等高距的20~30倍），实地距离可通过走步来大致控制（1:500测图15~30步）。根据密度规定，图上每100 cm^2 内8~20个高程注记点。

一般选择明显地物点或地形特征点；在地面平坦或坡度无显著变化地区，地貌特征点的间距可以较大值执行。地形简单地区的高程注记点可放宽至1.5倍；地貌变化较大的丘陵地应适当加密。

当基本等高距大于0.5 m时，高程注记点测注至分米（以米为单位，保留小数点后一位）。

不便于勾绘等高线的区域，可不勾绘等高线，但应测注高程注记点。

6. 图幅分幅及编号

地形图采用正方形分幅，规格为50 cm×50 cm，图幅分幅编号采用地形图基本图幅的西南角坐标的 X、Y 为行列数作为基本编号。图名采用由西向东按数字1,2,3,…顺序排列，由北向南按大写字母 A,B,C,…顺序排列。例如西北角的图名为A-1。

(二)图根控制精度指标要求

(1)图根控制测量应在各等级控制点下进行,各等级平面控制测量的最弱点相对于起算点点位中误差不应大于 5 cm。各等级高程控制测量的最弱点相对于起算点的高程中误差不应大于 2 cm。

(2)图根点对于起算点的点位中误差 1∶500 图不应超过±5 cm。测站点相对于邻近图根点的点位中误差不应超过±5 cm。

(3)图根点对于起算点的高程中误差不应大于测图基本等高距的 1/10。

(三)图根控制实施

图根平面控制测量可采用导线测量、极坐标法(引点法)等方法。图根高程测量可采用水准测量、三角高程测量等方法。图根平面控制测量和高程控制测量可同时进行。

1. 手簿记录要求

(1)观测记录直接填写在规定的表格中,不得先用另纸记录,再行转抄。

(2)记录和计算须用 3H 或 2H 铅笔书写,不得使用钢笔、圆珠笔或其他笔书写。

(3)字体应端正清晰,书写在规定的格子内,上部应留有适当空隙(1/3),作为错误更正之用。

(4)读、写错的数字用斜线端正地划去,在原字上方写出正确数字,并在相应备注栏注明划改原因;严禁在原字上涂改或用橡皮擦拭挖补。

(5)禁止连续更改数字,例如改了观测数据,又改其平均数。观测值的尾数不得更改,如角度的分、秒值,水准和距离测量时的厘米数、毫米数。

(6)记录的数字应齐全,如角度的 3°04′ 05″或 25°00′50″,分、秒数字中的“0”不得省略写成一位。

(7)当一人观测由另一人记录时,记录者应将所记数字汇报给观测者,以防听错、记错。

(8)记录应保持清洁整齐,所有应填写的项目应填写齐全。

2. 图根点选点与编号

首先可借助测区影像图进行室内计划选点和编号,然后到实地选点,打桩写编号。实地选点应注意:

(1)所选点位视野开阔[对周围地形要素的覆盖(控制)范围大],便于扩展和寻找,便于实测碎部点。

(2)土质坚实,便于仪器架设和操作。

(3)与上一点和拟选下一点必须通视。

(4)导线边长接近技术要求的平均数 80 m,相邻边长相差不大于 3 倍。

(5)导线应布设成直伸状,在客观环境允许、满足下步工作需要的情况下尽量直伸,也就是说转折角尽量接近 180°,以减少布点数量和测站数。

图根点编号统一以“T”字开头,紧随 A、B、C、D、E 等(以此作为班级代码),接着是组号和图根点序号,例如航测 1 班 3 组所选的某点编号为:TA3 * 。此编号方法保证各组的点不至于搞混淆。

3. 图根点平面控制测量

测区控制点成果资料由实训指导教师提供。

1）导线方法

在各等级控制点下加密图根点时宜采用附合导线，附合导线不宜超过二次附合。在难以布设附合导线的困难区域，可布设成闭合导线或支导线。图根点点位标志宜采用木（铁）桩。

（1）图根导线测量，应符合下列规定：

①图根导线测量，宜采用6″级仪器一测回测定水平角。

②在等级点下加密图根控制时，不宜超过2次附合。

③图根导线的边长，宜采用光电测距仪单向施测。

（2）图根点平面控制测量若按三级导线精度要求施测，精度指标按照《城市测量规范》（CJJ/T 8—2011）要求，见表5-2-1。

表5-2-1　三级导线精度要求

等级	闭合环或符合导线长度（km）	平均边长（m）	测距中误差（mm）	测角中误差（″）	方位角闭合差（″）	导线全长相对闭合差
三级	≤1.5	120	≤15	≤12	$\leq \pm 24\sqrt{n}$	≤1/6 000

注：n为测站数。

（3）采用光电测距图根导线布设。主要技术要求应满足《1:500　1:1 000　1:2 000外业数字测图规程》（GB/T 14912—2017）的规定，详见表5-2-2。

表5-2-2　光电测距图根导线技术要求

比例尺	附合导线长度（m）	平均边长（m）	导线相对闭合差	测回数 J_6	测角中误差（″）	方位角闭合差（″）	测距	
							仪器类型	方法与测回数
1:500	1.3×1.5×M（1 050）	80	1/4 000	1	≤20	$\leq 40\sqrt{n}$	Ⅱ级	单程观测一测回

注：n为测站数，M为比例尺分母。

图根导线的边长应采用测距仪单向施测一测回。一测回记录4次测量读数，其读数较差应小于20 mm。1:500测图布设的附合导线长度不应超过表5-2-2的规定值，且附合导线边数不宜超过15条，边长不大于碎部点最大测距的1.5倍，绝对闭合差不应大于25 cm；导线长度短于规定的1/3时，其绝对闭合差不应大于15 cm。

当图根导线布设成支导线时，支导线的长度不应超过表5-2-2中规定长度的1/2，最大边长不应超过表5-2-2中平均边长的2倍，边数不宜多于3条。

支导线的水平角观测可用6″级全站仪施测左、右角各一测回，其圆周角闭合差不应超过40″。边长采用测距仪单向施测一测回（要求距离观测一测回4次读数）。

三联脚架法施测是一种提高导线测角和测距精度的导线测量方法,常用于精密短边导线的测角和测距中。为了减弱仪器对中误差和目标偏心误差对测角及测距的影响,一般使用三个既能安置全站仪又能安置带有觇牌(反射棱镜)的基座和脚架,基座具有通用光学对中器。

2)极坐标法(也称引点法或辐射法)

极坐标法就是一种在某一通视良好的等级控制上,用极坐标测量方法,按全圆方向观测方式,依此测定周围几个图根控制点的导线测量方法,如图 5-2-3 所示。这种方法无须平差计算,直接测出坐标。为了保证图根点的可靠性,一般要进行两次观测(另选定向点)。极坐标法图根点测量,应符合下列规定:

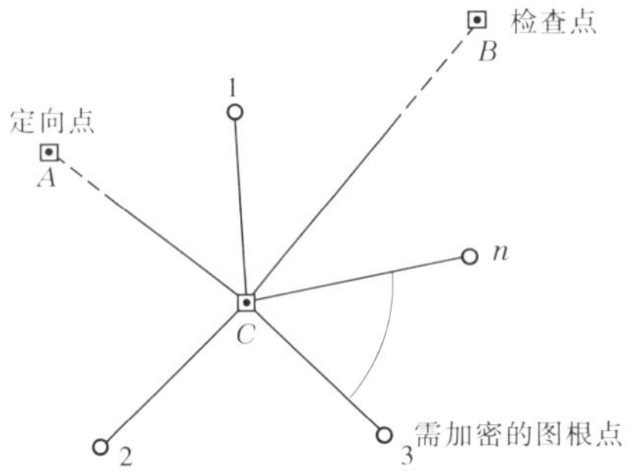

图 5-2-3　极坐标法布设图根点

(1)宜采用 6″级全站仪,角度、距离一测回测定,极坐标法图根点测量的最大边长按测图比例尺加以控制,1:500 应不大于 300 m,一般不大于定向边长度。采用电磁波测距极坐标法所测的图根点,不应再次发展。

(2)观测限差,不应超过表 5-2-3 的规定,其中 H_d 为基本等高距。

表 5-2-3　极坐标法图根点测量限差

半测回归零差(″)	两半测回角度较差(″)	测距读数较差(mm)	正、倒镜高程较差(m)	两组计算坐标较差(m)
≤20	≤30	≤20	$\leqslant H_d/5$	$0.2\times M\times10^{-3}$

注:H_d 为基本等高距,M 为比例尺分母。

(3)在等级控制点上独立测设时,将上、下两半测回的观测值取平均值作为最终观测成果,进行计算。其点位误差应满足表 5-2-3 的要求。也可正、倒镜两次分别定向直接测定图根点的坐标和高程,取均值。

3)图根导线观测、手簿的记录与计算规定

观测:导线观测采用测回法观测转折角(或内角)和连接角;附合导线一般观测导线前进方向的左角。

光电测距导线观测手簿的记录与计算顺序如表 5-2-4 所示。

表 5-2-4　光电测距导线观测手簿

（9）

观测略图

测站：（1）　观测者：（3）　记录者：（4）

观测日期：____年（5）月____日（6）时____分　仪器型号与编号：（2）

水平角观测：

测回	目标点	观测读数		半测回方向 (° ′ ″)		一测回方向角 (° ′ ″)	各测回方向角 (° ′ ″)	备注
		盘左 (° ′ ″)	盘右 (° ′ ″)					
Ⅰ	（7）	（10）	（13）	（14）		（17）	（21）	
	（8）	（11）	（12）	（15）		（18）	（22）	
				（16）				
Ⅱ						（19）		
						（20）		
Ⅲ								

垂直角观测：

测回	觇点	观测读数		指标差 (″)	垂直角 (° ′ ″)	觇标高 (m)	备注
		盘左 (° ′ ″)	盘右 (° ′ ″)				
Ⅰ	（7）	（10）	（13）	（19）	（21）	（23）	
	（8）	（11）	（12）	（20）	（22）	（24）	
Ⅱ							
Ⅲ							

距离观测：

测站至觇点	斜距读数					平距计算 (m)	备注
	读数Ⅰ (m)	读数Ⅱ (m)	读数Ⅲ (m)	读数Ⅳ (m)	中数 (m)		
（1）-（7）	（10）	（10）	（10）	（10）	（25）	（27）	
（1）-（8）	（11）	（11）	（11）	（11）	（26）	（28）	

光电测距导线观测手簿记录、计算顺序：

(1)水平角计算。

半测回起始觇点方向(7)：(14)=(10)-(10)，(14)=(13)-(13)。

半测回另一目标(觇点)方向(8)：(15)=(11)-(10)、(16)=(12)-(13)，两者相差不超过24″(三级导线)或36″(光电图根)时合限。

一测回方向角：(17)=(14)-(14)、(18)=[(15)+(16)]/2，秒值尾数按4舍6入，5按奇进偶不进取值。

各测回方向角：(21)=(17)-(17)、(22)=[(18)+(20)]/2，秒值尾数按4舍6入，5按奇进偶不进取值。

(2)垂直角计算。

指标差：盘左天顶距读数加盘右天顶距读数减360°除2，不超过±60″，且各觇点的指标差数值相差不超过25″。

垂直角计算：90°减盘左天顶距读数加指标差。例如：(22)=90°-(11)+(20)。

(3)边长测量计算。

倾距：(25)=[(10)+(10)+(10)+(10)]/4

　　(26)=[(11)+(11)+(11)+(11)]/4

平距：(27)=(25)$\cos\alpha$

　　(28)=(26)$\cos\alpha$

式中，α为竖直角。

4)图根平面控制内业成果计算

图根导线测量观测结束后，即可进行内业计算，其目的是计算各导线点的坐标。计算之前，应全面检查导线测量的外业记录(导线观测手簿)，看数据是否齐全，有无遗漏、记错或算错，成果是否符合规范的要求。检查无误后，就可以按比例绘制导线联测略图，将已知数据和观测成果标注于略图上。导线计算举例如表5-2-5所示。

闭合导线连接角误差的大小对点位影响很大，为减小连接角的误差，一种是采用提高观测精度的方法(采用适当的仪器，改进操作方法，选择良好的外界环境，并提高人员的操作素质等措施来改善观测条件)，把连接角的观测升级处理，高精度观测连接角。另一种是采用等值平差法，因为连接角和闭合导线观测角常常是等精度观测，此时，等值平差法是减小连接角误差的有效手段，即在进行闭合导线平差计算时，算出角度闭合差和各观测角的改正数后，给连接角也赋一个改正数参与平差。连接角等值平差后算得的坐标更合理。

精度要求不高时导线连接角可不参与平差。

4. 图根点高程控制测量

图根点的高程主要采用等外(五等)水准测量、图根水准测量或电磁波测距三角高程测量等方法。

表 5-2-5　光电测距图根闭合导线坐标计算表(使用普通计算器计算)

点号	观测角(左角)(°　′　″)	改正数(″)	改正角(°　′　″)	坐标方位角(°　′　″)	距离(m)	坐标增量 Δx(m)	坐标增量 Δy(m)	改正后的坐标增量 $\Delta\hat{x}$(m)	改正后的坐标增量 $\Delta\hat{y}$(m)	坐标值 $\hat{x}$(m)	坐标值 $\hat{y}$(m)	点号
1	2	3	4	5	6	7	8	9	10	11	12	13
B												
				161 36 38								
A	143 53 50	−10	143 53 40							506.321	215.652	*A*
				125 30 18	105.223	−0.015 −61.111	+0.019 +85.658	−61.126	+85.677			
1	107 48 30	−10	107 48 20							445.195	301.329	1
				53 18 38	80.182	−0.012 +47.907	+0.014 +64.297	+47.895	+64.311			
2	73 00 20	−10	73 00 10							493.090	365.640	2
				306 18 48	129.341	−0.019 +76.596	+0.023 −104.222	+76.577	−104.199			
3	89 33 50	−10	89 33 40							569.667	261.441	3
				215 52 28	78.162	−0.011 −62.335	+0.015 −45.804	−63.346	−45.789			
A	305 44 20	−10	305 44 10							506.321	215.652	*A*
				341 36 38								
B												
总和	720 00 50	−50	720 00 00		392.908	+0.057	−0.071	0.000	0.000			

辅助计算：

$\sum\beta_{测} = 720°00'50''$　　$f_x = \sum\Delta x_{测} = +0.057\ m$，$f_y = \sum\Delta y_{测} = +0.071\ m$

$\sum\beta_{理} = 720°00'00''$　　全长闭合差 $f = \sqrt{f_x^2+f_y^2} = 0.091\ m$

$f_\beta = \sum\beta_{测} - \sum\beta_{理} = +50''$　　全长相对闭合差 $K = \dfrac{1}{\sum D/f} \approx \dfrac{1}{4\,315} < \dfrac{1}{4\,000}$

$f_{\beta允} = \pm 40''\sqrt{n} = \pm 89''$　　允许相对闭合差 $K_{允} = 1/4\,000$

1）水准测量方法

等外、图根水准测量方法一般是沿图根点布设成附合路线、闭合路线。按中丝读数法单程观测。等外、图根水准测量应起讫于不低于四等精度的高程控制点上，其技术要求按照表 5-2-6 规定执行。当水准路线布设成支水准路线时，应采用往返观测，前后视距宜相等，其路线长度不应大于 2.5 km。

表 5-2-6　水准测量的技术要求

等级	仪器类型	附(闭)合路线长度（km）	i 角（"）	视线长度（m）	观测次数		观测方法	往返较差、附合或环线闭合差(mm)	
					支水准路线	附合或闭合线路		平地	山地
等外（五等）	DS_3	12	≤20	100	往返一次	往一次	中丝单程双面读数至 mm	$\pm 30\sqrt{L}$	$\pm 12\sqrt{L}$
图根	DS_{10}	5	≤30	100	往返一次	往一次	中丝单程单面读数至 mm	$\pm 40\sqrt{L}$	$\pm 12\sqrt{L}$

注：L 为水准路线长度，km。

（1）水准测量观测、记录与计算要求。

水准观测的主要技术要求，应符合表 5-2-7 规定。

表 5-2-7　水准观测的主要技术要求

等级	水准仪型号	视线长度（m）	前后视较差（m）	前后视累积差（m）	视线离地面最低高度（m）	基本分划、辅助分划或黑、红面读数较差（mm）	基本分划、辅助分划或黑、红面所测高差较差(mm)
四等	DS_3	100	5（3）	10	0.2	3.0	5.0
五等	DS_3	100	20（大致相等）	100	0.2	4.0	6.0

注：四等水准采用变动仪器高度观测单面水准尺时，所测两次高差较差应与黑、红面所测高差之差的要求相同。

四等水准测量观测方法与记录，记录格式参照表 5-2-8（四等用于测前训练）。

表 5-2-8　四等水准测量记录表

测站编号	后尺 上丝 / 下丝；后视距；前视距 d(m)	前尺 上丝 / 下丝；视距差；$\sum d$(m)	方向及尺号	水准尺读数(m) 黑面	水准尺读数(m) 红面	K+黑-红	平均高差(m)	备注
	(1)	(7)	后视	(3)	(4)	(6)	(18)	K 为尺常数：$K_1=4.787$　$K_2=4.687$
	(2)	(8)	前视	(9)	(10)	(14)		
	(5)	(11)	后-前	(15)	(16)	(17)		
	(12)	(13)						
			后视					
			前视					
			后-前					
			后视					
			前视					
			后-前					
			后视					
			前视					
			后-前					

四等水准测量的观测方法：观测应在通视良好、望远镜成像清晰及稳定的情况下进行。采用一对双面尺。规范允许采用“后—后—前—前(黑—红—黑—红)。

①照准后视尺黑面，分别读取上、下、中三丝读数，并记为(1)、(2)、(3)。

②照准后视尺红面，精平，读取中丝读数，记为(4)。

③照准前视尺黑面，分别读取上、下、中三丝读数，并记为(7)、(8)、(9)。

④照准前视尺红面，精平，读取中丝读数，记为(10)。

(2)测站的计算与检核。

①视距的计算与检核。

后视距 (5)=[(1)-(2)]×100

前视距 $(11)=[(7)-(8)]\times 100$　　四等≤100 m

前、后视距差 $(12)=(5)-(11)$　　四等≤3 m　等外≤20 m

前、后视距差累积 (13)= 本站(12)+上站(13)　　四等≤10 m　等外≤100 m

②水准尺读数的检核。

同一根水准尺黑面与红面中丝读数之差：

后尺黑面与红面中丝读数之差：$(6)=K+(3)-(4)$　四等≤3 mm　等外≤4 mm

前尺黑面与红面中丝读数之差：$(14)=K+(9)-(10)$　四等≤3 mm　等外≤4 mm

（上式中的 K 为红面尺的起点数，为 4.687 m 或 4.787 m）

经验：在读数无误的前提下，黑、红面高差检核，主要看黑面后两位读数，大于 13 减 13，小于 13 加 87，然后与红面后两位比较（减红）。

③高差的计算与检核。

黑面测得的高差：$(15)=(3)-(9)$

红面测得的高差：$(16)=(4)-(10)$

校核：黑、红面高差之差：$(17)=(15)-[(16)\pm 0.100\ \text{m}]$

或　　$(17)=(6)-(14)$　　四等≤5 mm　等外≤6 mm

高差的平均值：$(18)=[(15)+(16)\pm 0.100\ \text{m}]/2$

在测站上，当后尺红面起点为 4.687 m，前尺红面起点为 4.787 m 时，取+0.100 m；反之，取−0.100 m。

(3) 水准测量的内业计算。

①单一附合水准路线闭合差的计算与调整。

高差闭合差：　$f_h=\sum h-(H_B-H_A)$

若 f_h 在限差以内，按距离或按测站数成正比的改正各段的观测高差。

②闭合水准路线闭合差的计算与调整。

高差闭合差：　$f_h=\sum h$

f_h 在限差以内，按距离或按测站数成正比的改正各段的观测高差。

外业结束后，必须对外业观测手簿进行认真的检验，在每站计算的高程准确无误后，才能做进一步的内业计算。首先应绘制一张水准路线略图。图上要注明水准路线起点、终点以及路线上各固定点的编号，标明观测方向，根据外业观测手簿，计算出路线上相邻固定点间的距离及高差。如图 5-2-4 所示为附合水准联测略图，其高程配赋计算参考表 5-2-9 附合水准路线高程误差配赋计算表。

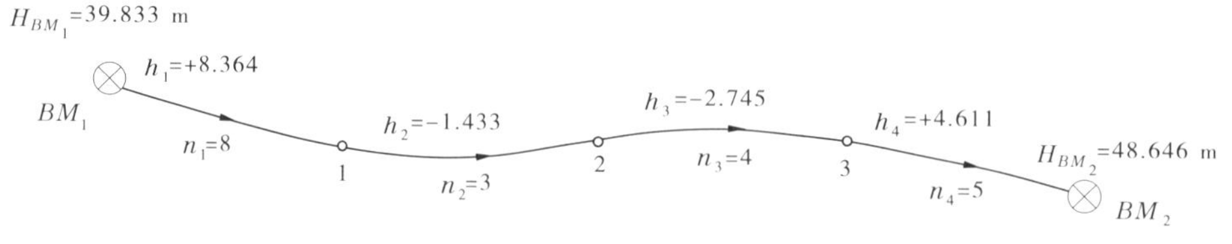

图 5-2-4　附合水准联测略图

实训高程图根控制采用等外水准和三角高程测量路线布设。等外水准记录格式参照四等水准，具体要求以表 5-2-8 为准，水准高程误差配赋计算以表 5-2-10 为准，计算方法可参考表 5-2-9。

三角高程测量路线主要用于相邻图根点间高差较大或坡度较大以及跨越较宽冲沟（40 m 以上），且绕行较远的。观测时，记录在导线手簿中。仪器高和棱镜高千万不能忘记量或量错，精确至毫米。

表 5-2-9　附合水准路线高程误差配赋计算表

测段号	点号	测站	观测高差（m）	改正数（m）	改正后高差（m）	高程（m）	备注
1	2	3	4	5	6	7	
	BM_1					39.833	$f_h=+0.034$ m $f_{h容}=\pm12\sqrt{20}$ $=\pm54$ mm
1		8	+8.364	−0.014	+8.350		
	1					48.183	
2		3	−1.433	−0.005	−1.438		
	2					46.745	
3		4	−2.745	−0.007	−2.752		
	3					43.993	
4		5	+4.661	−0.008	+4.653		
	BM_2					48.646	
Σ		20	+ 8.847	−0.034	+8.813		

表 5-2-10　高程误差配赋表

班级学号：________　组号：________　姓名：__________

点号	距离（m）/测站数	观测高差（m）	改正数（m）	改正后高差（m）	高程（m）	备注
						$f_h=\sum h-(H_{终}-H_{始})$ $=$ $f_{h允}=$

2) 电磁波测距三角高程测量

三角高程测量路线应起闭于高等级高程控制点上,其边数不宜超过 12 条,边长施测单向一测回。

三角高程路线垂直角应中丝法对向观测一测回。

电磁波测距极坐标法图根点垂直角可单向观测一测回,变动棱镜高度后再测一次。电磁波测距三角高程测量技术要求按照表 5-2-11 的规定执行,电磁波测距三角高程测量附合路线长度不应大于 5 km,布设成支线不应大于 2.5 km。每千米高差全中误差(mm)不大于 20 mm。高差较差或高程较差在限差内时,取其中数。仪器高和棱镜高应至毫米。当边长大于 400 m 时,应考虑地球曲率和折光差的影响。计算三角高程时,角度应取至秒,高差应取至厘米。

表 5-2-11　电磁波测距三角高程导线测量限差

仪器类型	中丝法测回数		垂直角较差、指标差较差(″)	对向观测高差、单向两次高差较差	各方向推算的高程较差	附合路线或环线闭合差	
	三角高程	高程导线				经纬仪三角高程测量(m)	高程导线(mm)
6″级	1	对向 1 单向 2	≤25	≤0.4×S	≤0.2H_d	≤±0.1$H_d\sqrt{n_S}$	≤±40$\sqrt{\lvert D\rvert}$

注:S 为边长,km,不够 0.1 km 的按 0.1 km 计算;H_d 为基本等高距,m;n_S 为边数;D 为电磁波测距边长度,km。

3) 导线计算成果的取位

图根导线内业计算和成果的取位,应符合表 5-2-12 的规定。

表 5-2-12　内业计算和成果的取位要求

各项计算改正值(″或 mm)	方位角计算值(″)	边长及坐标计算值(m)	高程计算值(m)	坐标成果(m)	高程成果(m)
1	1	0.001	0.001	0.01	0.01

(四)碎部点数据采集

1. 精度要求

1) 地物点平面位置

碎部点采集时地物点相对于邻近图根点的点位中误差和邻近地物点点间的距离中误差不应超过表 5-2-13 的规定。当测图为一般用途时,可选用表 5-2-13 中括号内的指标。

2) 高程注记点的高程中误差

高程注记点相对于邻近图根点的高程中误差不应大于相应比例尺地形图基本等高距的 1/3。困难地区放宽 50%。

表 5-2-13　地物点平面位置精度　（单位:m）

地区分类	比例尺	点位中误差	邻近地物点间距中误差
城镇、工业建筑区、平地、丘陵地	1:500	±0.15(±0.25)	±0.12(±0.20)
困难地区、隐蔽地区		±0.23(±0.40)	±0.18(±0.30)

3）等高线插求点高程中误差

等高线插求点相对于邻近图根点的高程中误差，平地不应大于基本等高距的 1/3，丘陵地不应大于基本等高距的 1/2。

2. 准备工作

施测前，应对控制点数据进行检校，并应对全站仪与数据采集软件及其全部的通信连接进行试运行检查，确保无误方可使用。

3. 仪器设置及测站定向检查

(1)仪器对中偏差不大于 5 mm。

(2)以较远一测站点(或其他控制点)标定方向(起始方向)，另一测站点(或其他控制点)作为检核，算得检核点平面位置误差不大于 10 cm。

(3)检查另一测站点(或其他控制点)的高程，其较差不应大于 1/6 等高距。

(4)每站数据采集结束时应重新检测定向方向，并应检测不少于两个碎部点，检测结果如超出以上两项所规定的限差，其检测前所测的碎部点成果须重新计算(或重测)。

4. 测站点的增补及精度

外业数据采集时应充分利用控制点和图根点。当图根点密度不足时，可采用支导线、极坐标法等方法增设测站点。不论采用何种方法，测站点相对于邻近图根点，点位精度的中误差 1:500 测图不应大于 5 cm，高程中误差不应大于测图基本等高距的 1/6。支导线和极坐标法测量的技术要求应按表 5-2-2 和表 5-2-3 的有关规定执行。

5. 测站点与碎部点观测记录

(1)测站点观测记录应包括测站点号、仪器高、观测点号(定向点、待定点)、觇标高、斜距、垂直角、水平角；若直接测坐标、高程，需要在盘左和盘右位置各自定向后测待定点，而后取均值作为待定点的最后成果。

(2)外业碎部点观测数据记录文件应是坐标数据文本文件，格式采用 dat 或 txt。应包括测站点号、观测点号(定向点、待定点)、坐标、高程。

6. 数据采集及要求

地形要素采集应不失真、不移位、无错漏。为此必须注意符合以下要求：

(1)点状要素(独立地物)能按比例表示时，应按实际形状采集，不能按比例表示时应精确测定其定位点或定线点。有方向性的点状要素应先采集其定位点，再采集其方向点(线)。

(2)具有多种属性的线状要素(线状地物、面状地物公共边、线状地物与面状地物边界线的重合部分）只采集一次，但应处理好多种属性之间的关系。

（3）线状地物采集时，应视其变化测定，适当增加地物点的密度，以保证曲线的准确拟合。

（4）全站仪测图，可按图幅施测，也可分区施测。按图幅施测时，每幅图应测出图廓线外 10 mm；分区施测时，应测出区域界线外图上 10 mm。

（5）数字测图中地形点的描述必须具备 3 类信息：

①测点的三维坐标（点号）；

②测点的属性，即地形点的特征信息（地形编码）；

③测点的连接关系（连接点和连接线型）。

（6）地形点间距及高程点密度。高程点平均间距一般应在 15 m。地性线和断裂线处应按地形变化情况增大采点密度。平坦地区高程点可适当放宽，但最低不应少于每 100 cm^2 内 5 个点。

（7）碎部点测距长度。

碎部点测距长度，对 1:500 测图比例，地物点不超过 80 m，地形点不超过 150 m。如遇特殊情况，在保证碎部点精度的前提下，碎部点测距长度可放宽 1 倍。

7. 碎部点的选取原则

地物碎部点尽量选在地物轮廓线的转折、交叉、弯曲点及独立地物的中心点处。

地形图上的高程注记点应分布均匀，但须在地貌特征点和地物基础轮廓点上测注高程注记点。图 5-2-5 为地貌特征点采集位置示意。地貌特征点尽量通常选在最能反映地貌特征的山脊线、山谷线等地性线上，如山顶、山脊、山脚、谷底、谷口、沟底、洼地等的坡度和方向变化处。斜坡坎、陡崖，应该在坎上、下边缘、崖上、下边缘分别立镜测量，并记录坎、崖的走向。测量陡坎时，最好坎上、坎下同时测点，或在坎上边缘立尺，量出坎下点的比高。这样生成的等高线才能真实反映实际地貌。

图 5-2-5　地貌特征点采集位置示意

8.地形要素内容的取舍要求

各类地物、地貌要素内容的表示方法和取舍原则除符合《国家基本比例尺地图图式 第1部分:1∶500 1∶1 000 1∶2 000地形图图式》(GB/T 20257.1—2017)的有关规定外,还应遵守下列规定:

(1)水系及其附属物应按实际形状采集。河流应测记水流方向;水渠宜测记渠顶边和渠底高程;堤、坝应测记顶部及坡脚高程;泉、井应测记泉的出水口及井台高程,并标记井台至水面深度。

(2)各类建筑物、构筑物及其主要附属设施均应采集。房屋以墙基为准采集。建筑物、构筑物轮廓凸凹在图上小于0.5 mm时,可予以综合。

(3)公路与其他双线道路应按实际宽度依比例尺采集。采集时,应同时采集范围内的绿地或隔离带,并正确表示各级道路之间的通过关系。

(4)地上线路的杆位应实测,管线直线部分的支架线杆和附属设施密集时,可适当取舍。

(5)地貌一般以等高线表示,特征明显的地貌不能用等高线表示时,应以符号表示。高程点一般选择明显地物点或地形特征点,山顶、鞍部、凹地、山脊、谷底及倾斜变换处,应测记高程点,所采集高程点密度应符合本教材综合实训有关技术要求中的相关规定。

冲沟底部的干河床宽度大于图上1.5 mm时应打两排点双线表示,大于3 mm时应配置土质符号,大于5 mm时还应加绘等高线。

(6)斜坡、陡坎比高小于1/2基本等高距或在图上长度小于5 mm时可舍去。当斜坡、陡坎较密时,可适当取舍。

(7)一年分几季种植不同作物的耕地,以夏季主要作物为准;地类界与线状地物重合时,按线状地物采集。

(8)居民地、机关、学校、山岭、河流等有名称的应标注名称。

9.草图的绘制

草图的绘制是全数字化测图的一种作业模式,一般由作业组长具体记录地物的位置、形状、属性等内容;指挥立尺员什么地方要立镜,怎样取舍;是内业不可缺少的重要组成部分。草图绘制时应满足以下要求:

(1)绘制草图时,对于地物、地貌,原则上采用图式《国家基本比例尺地图图式 第1部分:1∶500 1∶1 000 1∶2 000地形图图式》(GB/T 20257.1—2017)所规定的符号绘制,对于复杂的图式符号,可以简化或自行定义。但数据采集时所使用的地形码,必须与草图绘制的符号一一对应。

(2)草图必须标注所测点的测点编号,且标注的测点编号应与仪器的记录点号严格一致(建议测5~10个点和测站对点号)。

(3)草图上地形要素(所测点)的位置、属性和相互关系等之间的相关位置必须清楚正确,测点应加粗记录。

(4)草图的绘制要遵循清晰、易读、相对位置准确,比例一致的原则。在测量每一个碎部点时不用在全站仪里输入地物编码。

草图中应包含点号、连接点和连接线型、线状、带状、面状地物属性等绘图信息。图 5-2-6 所示为数据采集时草图样例。

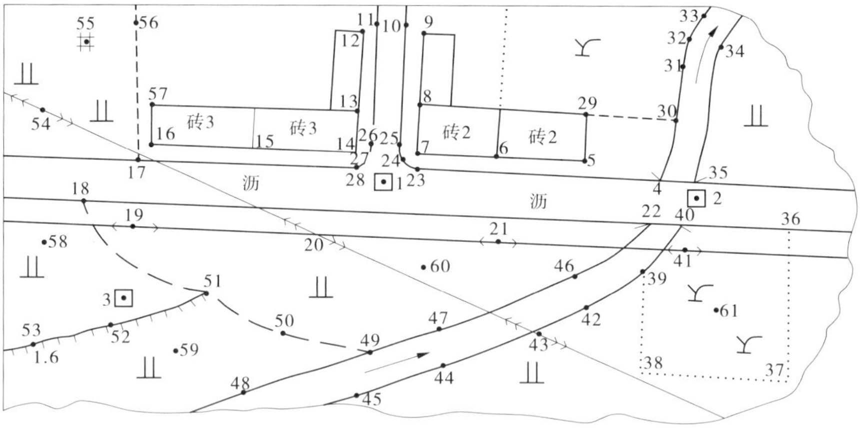

图 5-2-6　数据采集时草图

10. 全站仪操作顺序

文件设置—测站设置—测站定向—定向检查—碎部采集。

特别提醒：在野外采集时，能测到的点要尽量测，实在测不到的点可利用钢尺量距交会或观测方向上延长，利用软件的量算功能，生成这些直接测不到的点的坐标。

在一个测站上所有的碎部点测完后，还要找一个已知点重测，以检查施测过程中是否存在因误操作、仪器碰动或故障等造成的错误。检查确定无误后，关机、搬站。到下一测站，重新按上述采集方法、步骤进行施测。若检查发现采集的点位出错，应从以下几方面查找原因：

（1）已知测站点、定向点的点号是否输错，或测站点、定向点设置是否颠倒。

（2）坐标是否输错。

（3）所调用于检查的已知点的点号、坐标是否有误。

（4）检查仪器、设备是否有故障等。

11. 采集时其他注意事项

（1）学生进入测区后，要强调安全，分析安全隐患，组长要注意时时提醒大家。学生根据事先的分工，各负其责。

（2）测绘人员首先对测站周围的地形、地物分布情况熟悉一下，便于开始观测。

（3）仪器观测员指挥跑镜员到事先选好的已知点上准备立镜定向；自己快速架好仪器，量取仪器高，选择测量状态，输入测站点号和方向。点号、定向点起始方向值一般设置为零；瞄准棱镜，定好方向。

（4）通知持镜者开始跑点；确定镜高及所立点的性质，准确瞄准，待测点坐标被记录下来。一般来讲，施测的第一点选在某已知点上（仪器中事先已输入）。

（5）观测后及时在图上标明所测碎部点的位置及点号。

12. 数据采集常见问题

(1)定向未检查。

(2)野外草图上的流水号或编码法的编码与仪器采集不一致。

(3)地物遗漏。

(4)地理名称漏标注。

(5)花杆标高不正确导致高程有误。

(6)地形变换点和地形特征点漏采集,如坎上、坎下、坡顶、坡脚等。

(五)数据传输

外业采集结束后,要及时用数据通信线连接仪器和计算机,把野外观测数据传输到计算机中,避免数据丢失。

(六)数据处理

数据处理包括坐标数据格式转换和坐标数据检查。数据处理是对野外采集的数据进行预处理,数据格式与编码格式应满足成图软件要求;检查坐标数据错误和编码错误。

1. 数据处理一般原则

(1)外业原始测量数据不能随意修改。

(2)数据应及时处理,并对照实地进行检核。

(3)图廓数据,包括《国家基本比例尺地图图式　第1部分:1∶500 1∶1 000 1∶2 000地形图图式》(GB/T 20257.1—2017)规定的用于图廓整饰的内图廓线以外的所有线画、注记文本、说明、图例等和内图廓线以内的坐标格网线通过软件方式生成。

2. 数据的整理和检查

(1)外业数据(包括采用外业记录手簿记录的数据)应及时处理,形成图块。整理和检查属性数据,并对照实地进行检查。

(2)当对照检查发现有矛盾时,如草图绘制有错误,应按照实地情况修改草图;如数据记录有错误,可修改测点编号、地形码和信息码,对于记录中的水平角、垂直角、距离、觇标高等观测数据不允许修改,要求返工重测。

(3)检查修改后的数据应及时存盘,并做备份。

3. 数据文件的组织和格式

数据处理完成后,数据文件以图幅为单位进行存储和管理。文件的命名以"班级号"+"组号"执行,数据文件以班为单位汇总到主讲老师。

(七)地形图绘制与编辑(CASS为例)

将经数据处理后的坐标文件,利用软件的展点功能进行采集点的展绘,根据屏幕上点位显示情况,大致判断采集点的数量、位置、方向有无问题,若判断所展点位无问题,即可对照外业草图,按照地类或采集顺序、点的简编码、点间连接关系等进行绘制,依据高程碎部点位和地性线情况,构建TIN(不规则三角网),进而绘制等高线,加注高程、注记等。进行各地形要素绘制时,一定要注意漏测情况,点位(位置、属性)错误,连接错误,高程、注记密度等问题,以便组织及时补测。编辑、修改无误后,进行图幅整饰,注意内外图廓的各种信息注记齐全,不能错漏。

1. 图形编辑应注意问题

(1)编辑时应严格捕捉。

(2)根据实测的离散高程点自动建立不规则的三角网数字高程模型部分三角形不合理,未考虑地性线。

(3)高程注记点取舍不合理。

(4)各类注记和符号不符合图式要求。

(5)植被与注记相互压盖。

(6)数据在分幅裁切时接边处部分数据丢失。

(7)数据管理混乱。

2. 等高线处理

(1)数字高程模型及等高线应以测区或分区为单位建立和处理。

(2)数字地面模型建立时,应充分考虑各种地性线、断裂线和微地貌的表示,以保证地貌的真实性。

(3)生成等高线时必须采用严密的数学模型进行计算。

(4)等高线生成后必须对照实地进行检查,发现错误应及时改正。

3. 图形编辑原则

1)居民地

(1)街区与道路的衔接处,应留 0.2 mm 间隔。

(2)在陡坎和斜坡上的建筑物,按实际位置绘出,陡坎无法准确绘出时,可移位表示,并留 0.2 mm 的间隔。

(3)悬空于水上的建筑物(如房屋)与水涯线重合时,建筑物照常绘出,间断水涯线。

2)点状地物

(1)两个点状地物相距很近,同时绘出有困难时,可将高大突出的一个地物准确表示,另一个移位表示,但应保持相互的位置关系。

(2)点状地物与房屋、道路、水系等其他地物重合时,可中断其他地物符号,间隔 0.2 mm,以保持独立符号的完整性。

3)交通

(1)双线道路与房屋、围墙等高出地面的建筑物边线重合时,可用建筑物边线代替道路边线。道路边线与建筑物的接头处,应间隔 0.2 mm。

(2)公路路堤(堑)应分别绘出路边线与堤(堑)边线,两者重合时,可将其中之一移动 0.2 mm 绘出。

4)管线

(1)测区内电力线、通信线可不连接,但应绘出连线方向。

(2)同一杆架上架有多种线路时,表示其中主要的线路,但各种线路走向应连贯,线类应分明。

5)水系

(1)河流遇桥梁、水坝、水闸等应断开。

(2)水涯线与陡坎重合时,可用陡坎边线代替水涯线;水涯线与斜坡脚重合时,仍应在坡脚将水涯线绘出。

6)等高线

(1)单色图上等高线遇到房屋及其他建筑物、双线道路、路堤、路堑、坑穴、陡坎、斜坡、湖泊、双线河、双线渠及注记等均应中断。

(2)多色图等高线遇双线河、渠、湖泊、水库、池塘应断开,遇其他地物可不中断。

(3)当等高线的坡向不能判别时,应加绘示坡线。

7)植被

(1)同一地类界范围内的植被,其符号可均匀配置;大面积分布的植被在能表达清楚的情况下,可采用注记说明;当多种植被混杂时,以主要植被注记。

(2)地类界与地面上有实物的线状符号重合时,可省略不绘;与地面上无实物的线状符号重合时,地类界移位 0.2 mm 绘出。

8)注记

(1)文字注记要使所表达的地物能明确判读,字头朝北,道路河流名称可随线状弯曲的方向排列,各字底边平行于南、北图廓线。具体格式参见图式。

(2)注记文字之间最小间隔应为 0.5 mm,最大间隔不宜超过字大的 8 倍。注记时应避免遮盖主要地物和地形特征部分。

(3)高程注记一般注于点的右方,离点间隔 0.5 mm,每 100 cm^2 注记高程点 5~20 个。

(4)等高线注记字头应指向山顶或高地,但字头不宜指向图纸的下方。地貌复杂的地方,应注意合理配置,以保持地貌的完整。

(5)图廓整饰注记《国家基本比例尺地图图式　第 1 部分:1∶500 1∶1 000 1∶2 000 地形图图式》(GB/T 20257.1—2017)有关规定执行。

4. 图幅接边

同一测区各图幅在内业图形编辑结束后应进行图幅接边。其具体方法是:在图幅相邻处,接边要素几何图形的误差不大于表 5-2-13 中相应比例尺地形图平面、高程中误差的 $2\sqrt{2}$ 倍,且保证属性和拓扑关系一致,可把相邻两幅图的同一要素各改一半,进行接边处理。

(八)地形图质量检测

编辑、整理经数据处理后所生成的图形数据文件,对照外业草图,修改整饰新生成的地形图,补测重测存在漏测或测错的地方。然后加注高程、注记等,进行图幅整饰。

质量检查分为室内检查和外业检查。

室内检查包括:图上地物、地貌是否清晰易读;各种符号注记是否正确;等高线与地形点的高程是否相符;图边拼接有无问题等。如发现错误或疑点,应到野外进行实地检查修改。数据的层、代码、颜色、属性正确和齐全,图外整饰规范,各类注记符合要求,各类文档资料整理符合设计。

外业检查分为巡视检查和仪器设站检查。巡视检查应根据室内检查的具体情况,有计划、有目的地确定巡视路线,进行实地对照查看。主要检查地物、地貌有无遗漏;等高线是否逼真合理;符号、注记是否准确等。

(九)数字地形图成果上交

经过数据采集、图形编辑、补测、检查、修改、图幅整饰等一系列工作后,应将成果整理上交。上交成果主要包括:

1. 图根控制成果

(1)技术设计书。

(2)使用过的已知资料,包括测区总图、E 级 GPS 点资料。

(3)使用过的记录手簿,应有水准测量记录手簿和导线观测手簿两种。

(4)计算纸、成果,包括水准计算表、导线计算表、控制点展点略图、水准路线图、控制点成果表等。

2. 数字地形图图件成果

(1)坐标文件(*.dat)。

(2)采集草图。

(3)图形文件(*.DWG)。

(4)检查报告。

(5)采编阶段的总结报告。

(十)技术总结报告(含计划、图根控制、采编等)

附件1

数字地形测量
实训成果

专　　业：________________

班　　级：________________

组　　号：________________

起止时间：________________

指导教师：________________

控制点点位略图

班级：　　　　组号：　　　　组长：

水准仪 i 角的检验记录、计算表

仪器：　　　　方法：J_1、A、B、J_2　　　　观测者：

时间：　　　　标尺：3 m 水准尺　　　　记录者：

日期：　　　　成像：　　　　检查者：

测站	观测次序	标尺读数(m)		高差 $a-b$ (mm)	i 角的计算
		A 尺读数 a	B 尺读数 b		
J_1	1				J_1、A、B、J_2 间距 $S=20.6$ m $2\Delta=(a_2-b_2)-$ $(a_1-b_1)=$ $i''=10\Delta=$
	2				
	3				
	4				
	中数				
J_2	1				
	2				
	3				
	4				
	中数				

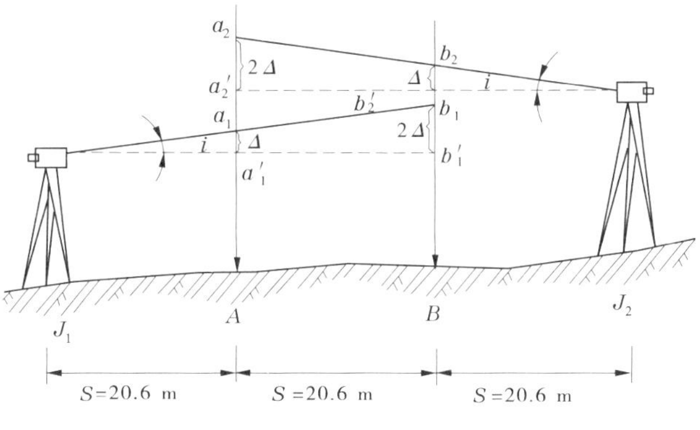

四等水准测量记录手簿

单位：

班级：　　　　　　　第　　　组

年　　　月

四等水准观测手簿记录说明与要求

1. 封面和表头上的测站信息要记录完整。
2. 手簿记录采用2H或3H绘图铅笔,不得使用水笔和圆珠笔记录。
3. 手簿记录按整条水准路线或测段记录时,观测未结束手簿不得空行。
4. 不允许使用橡皮擦改观测数据。
5. 不允许就字改字,不得出现连环涂改。
6. 起、终测站需注明$1^{\#}$,$2^{\#}$标尺常数K,距离计算取位至0.1 m,高差计算取位至1 mm,各测站高差中数计算取位至1 mm。
7. 保证手簿完整,不得出现撕页现象。

四等水准观测路线略图

四等水准测量记录表

观测日期:____年____月____日____时____分 天气:________ 成像:________
仪器型号:________ 编号:________ 观测者:________ 记录者:________

<table>
<tr><td rowspan="4">测站编号</td><td rowspan="2">后尺</td><td>上丝</td><td rowspan="2">前尺</td><td>上丝</td><td rowspan="4">方向及尺号</td><td colspan="2">水准尺读数(m)</td><td rowspan="4">K+黑-红</td><td rowspan="4">后-前中数(m)</td><td rowspan="4">备注</td></tr>
<tr><td>下丝</td><td>下丝</td><td rowspan="3">黑面</td><td rowspan="3">红面</td></tr>
<tr><td colspan="2">后视距</td><td colspan="2">前视距</td></tr>
<tr><td colspan="2">视距差 d(m)</td><td colspan="2">$\sum d$(m)</td></tr>
<tr><td rowspan="4"></td><td colspan="2">(1)</td><td colspan="2">(7)</td><td>后视</td><td>(3)</td><td>(4)</td><td>(6)</td><td rowspan="4">(18)</td><td rowspan="4">尺常数:
$K_1=4\ 678$
$K_2=4\ 787$</td></tr>
<tr><td colspan="2">(2)</td><td colspan="2">(8)</td><td>前视</td><td>(9)</td><td>(10)</td><td>(14)</td></tr>
<tr><td colspan="2">(5)</td><td colspan="2">(11)</td><td>后-前</td><td>(15)</td><td>(16)</td><td>(17)</td></tr>
<tr><td colspan="2">(12)</td><td colspan="2">(13)</td><td colspan="4"></td></tr>
<tr><td rowspan="4"></td><td colspan="2"></td><td colspan="2"></td><td>后视</td><td></td><td></td><td></td><td rowspan="4"></td><td rowspan="4"></td></tr>
<tr><td colspan="2"></td><td colspan="2"></td><td>前视</td><td></td><td></td><td></td></tr>
<tr><td colspan="2"></td><td colspan="2"></td><td>后-前</td><td></td><td></td><td></td></tr>
<tr><td colspan="2"></td><td colspan="2"></td><td colspan="4"></td></tr>
<tr><td rowspan="4"></td><td colspan="2"></td><td colspan="2"></td><td>后视</td><td></td><td></td><td></td><td rowspan="4"></td><td rowspan="4"></td></tr>
<tr><td colspan="2"></td><td colspan="2"></td><td>前视</td><td></td><td></td><td></td></tr>
<tr><td colspan="2"></td><td colspan="2"></td><td>后-前</td><td></td><td></td><td></td></tr>
<tr><td colspan="2"></td><td colspan="2"></td><td colspan="4"></td></tr>
<tr><td rowspan="4"></td><td colspan="2"></td><td colspan="2"></td><td>后视</td><td></td><td></td><td></td><td rowspan="4"></td><td rowspan="4"></td></tr>
<tr><td colspan="2"></td><td colspan="2"></td><td>前视</td><td></td><td></td><td></td></tr>
<tr><td colspan="2"></td><td colspan="2"></td><td>后-前</td><td></td><td></td><td></td></tr>
<tr><td colspan="2"></td><td colspan="2"></td><td colspan="4"></td></tr>
<tr><td rowspan="4"></td><td colspan="2"></td><td colspan="2"></td><td>后视</td><td></td><td></td><td></td><td rowspan="4"></td><td rowspan="4"></td></tr>
<tr><td colspan="2"></td><td colspan="2"></td><td>前视</td><td></td><td></td><td></td></tr>
<tr><td colspan="2"></td><td colspan="2"></td><td>后-前</td><td></td><td></td><td></td></tr>
<tr><td colspan="2"></td><td colspan="2"></td><td colspan="4"></td></tr>
<tr><td rowspan="4"></td><td colspan="2"></td><td colspan="2"></td><td>后视</td><td></td><td></td><td></td><td rowspan="4"></td><td rowspan="4"></td></tr>
<tr><td colspan="2"></td><td colspan="2"></td><td>前视</td><td></td><td></td><td></td></tr>
<tr><td colspan="2"></td><td colspan="2"></td><td>后-前</td><td></td><td></td><td></td></tr>
<tr><td colspan="2"></td><td colspan="2"></td><td colspan="4"></td></tr>
<tr><td rowspan="4"></td><td colspan="2"></td><td colspan="2"></td><td>后视</td><td></td><td></td><td></td><td rowspan="4"></td><td rowspan="4"></td></tr>
<tr><td colspan="2"></td><td colspan="2"></td><td>前视</td><td></td><td></td><td></td></tr>
<tr><td colspan="2"></td><td colspan="2"></td><td>后-前</td><td></td><td></td><td></td></tr>
<tr><td colspan="2"></td><td colspan="2"></td><td colspan="4"></td></tr>
</table>

四等水准测量记录表

观测日期:____年____月____日____时____分 天气:__________ 成像:________

仪器型号:________ 编号:________ 观测者:__________ 记录者:______________

测站编号	后尺 上丝	前尺 上丝	方向及尺号	水准尺读数(m)		K+黑-红	后-前中数(m)	备注
	后尺 下丝	前尺 下丝		黑面	红面			
	后视距	前视距						
	视距差 d(m)	$\sum d$(m)						
			后视					尺常数:
			前视					K_1=4 678
			后-前					K_2=4 787
			后视					
			前视					
			后-前					
			后视					
			前视					
			后-前					
			后视					
			前视					
			后-前					
			后视					
			前视					
			后-前					
			后视					
			前视					
			后-前					
			后视					
			前视					
			后-前					

四等水准测量记录表

观测日期:____年____月____日____时____分 天气:__________ 成像:________

仪器型号:________ 编号:________ 观测者:__________ 记录者:______________

测站编号	后尺 上丝	前尺 上丝	方向及尺号	水准尺读数(m)		K+黑-红	后-前中数(m)	备注
	后尺 下丝	前尺 下丝		黑面	红面			
	后视距	前视距						
	视距差 d(m)	$\sum d$(m)						
			后视					尺常数: K_1 = 4 678 K_2 = 4 787
			前视					
			后-前					
			后视					
			前视					
			后-前					
			后视					
			前视					
			后-前					
			后视					
			前视					
			后-前					
			后视					
			前视					
			后-前					
			后视					
			前视					
			后-前					
			后视					
			前视					
			后-前					

四等水准测量记录表

观测日期：____年____月____日____时____分 天气：__________ 成像：________

仪器型号：________ 编号：________ 观测者：__________ 记录者：____________

测站编号	后尺 上丝	前尺 上丝	方向及尺号	水准尺读数(m) 黑面	水准尺读数(m) 红面	K+黑-红	后-前中数(m)	备注
	后尺 下丝	前尺 下丝						
	后视距	前视距						
	视距差 d(m)	$\sum d$(m)						
			后视					尺常数： $K_1=4\ 678$ $K_2=4\ 787$
			前视					
			后-前					
			后视					
			前视					
			后-前					
			后视					
			前视					
			后-前					
			后视					
			前视					
			后-前					
			后视					
			前视					
			后-前					
			后视					
			前视					
			后-前					
			后视					
			前视					
			后-前					

四等水准测量记录表

观测日期:____年____月____日____时____分 天气:__________ 成像:________

仪器型号:________ 编号:________ 观测者:__________ 记录者:______________

测站编号	后尺 上丝 后尺 下丝 后视距 视距差 d(m)	前尺 上丝 前尺 下丝 前视距 $\sum d$(m)	方向及尺号	水准尺读数(m)		K+黑−红	后−前中数(m)	备注
				黑面	红面			
			后视					尺常数: K_1=4 678 K_2=4 787
			前视					
			后−前					
			后视					
			前视					
			后−前					
			后视					
			前视					
			后−前					
			后视					
			前视					
			后−前					
			后视					
			前视					
			后−前					
			后视					
			前视					
			后−前					
			后视					
			前视					
			后−前					

四等水准测量记录表

观测日期:____年____月____日____时____分 天气:__________ 成像:________

仪器型号:________ 编号:________ 观测者:__________ 记录者:______________

测站编号	后尺 上丝	前尺 上丝	方向及尺号	水准尺读数(m)		K+黑-红	后-前中数(m)	备注
	后尺 下丝	前尺 下丝		黑面	红面			
	后视距	前视距						
	视距差 d(m)	$\sum d$(m)						
			后视					尺常数:
			前视					$K_1=4\ 678$
			后-前					$K_2=4\ 787$
			后视					
			前视					
			后-前					
			后视					
			前视					
			后-前					
			后视					
			前视					
			后-前					
			后视					
			前视					
			后-前					
			后视					
			前视					
			后-前					
			后视					
			前视					
			后-前					

四等水准测量记录表

观测日期:____年____月____日____时____分 天气:__________ 成像:________

仪器型号:________ 编号:________ 观测者:__________ 记录者:____________

测站编号	后尺 上丝	前尺 上丝	方向及尺号	水准尺读数(m)		K+黑-红	后-前中数(m)	备注
	后尺 下丝	前尺 下丝		黑面	红面			
	后视距	前视距						
	视距差 d(m)	$\sum d$(m)						
			后视					尺常数:
			前视					$K_1=4\ 678$
			后-前					$K_2=4\ 787$
			后视					
			前视					
			后-前					
			后视					
			前视					
			后-前					
			后视					
			前视					
			后-前					
			后视					
			前视					
			后-前					
			后视					
			前视					
			后-前					
			后视					
			前视					
			后-前					

四等水准测量记录表

观测日期:____年____月____日____时____分 天气:__________ 成像:________

仪器型号:________ 编号:________ 观测者:__________ 记录者:______________

测站编号	后尺 上丝	前尺 上丝	方向及尺号	水准尺读数(m)		K+黑-红	后-前中数(m)	备注
	后尺 下丝	前尺 下丝		黑面	红面			
	后视距	前视距						
	视距差 d(m)	$\sum d$(m)						
			后视					尺常数: $K_1=4\ 678$ $K_2=4\ 787$
			前视					
			后-前					
			后视					
			前视					
			后-前					
			后视					
			前视					
			后-前					
			后视					
			前视					
			后-前					
			后视					
			前视					
			后-前					
			后视					
			前视					
			后-前					
			后视					
			前视					
			后-前					

四等水准测量记录表

观测日期：____年____月____日____时____分 天气：__________ 成像：________

仪器型号：________ 编号：______ 观测者：__________ 记录者：______________

测站编号	后尺	前尺	方向及尺号	水准尺读数(m)		K+黑-红	后-前中数(m)	备注
	上丝	上丝		黑面	红面			
	下丝	下丝						
	后视距	前视距						
	视距差 d(m)	$\sum d$(m)						
			后视					尺常数：$K_1=4\ 678$　$K_2=4\ 787$
			前视					
			后-前					
			后视					
			前视					
			后-前					
			后视					
			前视					
			后-前					
			后视					
			前视					
			后-前					
			后视					
			前视					
			后-前					
			后视					
			前视					
			后-前					
			后视					
			前视					
			后-前					

四等水准测量记录表

观测日期:____年____月____日____时____分 天气:__________ 成像:________

仪器型号:________ 编号:________ 观测者:__________ 记录者:____________

测站编号	后尺 上丝	前尺 上丝	方向及尺号	水准尺读数(m)		K+黑-红	后-前中数(m)	备注
	后尺 下丝	前尺 下丝		黑面	红面			
	后视距	前视距						
	视距差 d(m)	$\sum d$(m)						
			后视					尺常数:
			前视					$K_1=4\ 678$
			后-前					$K_2=4\ 787$
			后视					
			前视					
			后-前					
			后视					
			前视					
			后-前					
			后视					
			前视					
			后-前					
			后视					
			前视					
			后-前					
			后视					
			前视					
			后-前					
			后视					
			前视					
			后-前					

高程误差配赋表

班级学号:________ 组号:________ 姓名:__________

点 号	距离(m)/测站数	观测高差(m)	改正数(mm)	改正后高差(m)	高程(m)	备注
						$f_h = \sum h' - (H_{终}-H_{始}) =$ $f_{h允} =$

注:1. 距离取位至 0.01 km,测段高差、改正数及点高程取位至 1 mm。

2. 采用路线长度进行高差闭合差的分配。

3. $f_{h允}$ 根据规范要求填写,L 小于 1 km 时,按 1 km 计。

4. 如测区地形为山区,高差配赋按测站数 n 计。

导线观测记录手簿

单位：

班级：　　　　　第　　　组

年　　　月

导线观测手簿记录说明与要求

1. 封面和表头上的测站信息要记录完整。
2. 手簿记录采用 2H 或 3H 绘图铅笔,不得使用水笔和圆珠笔记录。
3. 不允许使用橡皮擦改观测数据。
4. 不允许就字改字,不得出现连环涂改。
5. 角度取位至 1″,距离取位至 1 mm。
6. 保证手簿完整,不得出现撕页现象。

导线联测略图

导线观测记录手簿

观测略图

测站：＿＿＿＿　仪器高(m)：＿＿＿＿　观测者：＿＿＿＿　记录者：＿＿＿＿

观测日期：＿＿年＿＿月＿＿日＿＿时＿＿分　仪器型号与编号：＿＿＿＿

水平角观测：

测回	目标点	观测读数		半测回方向（° ′ ″）		一测回方向角（° ′ ″）	各测回方向角（° ′ ″）	备注
		盘左（° ′ ″）	盘右（° ′ ″）					

垂直角观测：

测回	觇点	观测读数		指标差（″）	垂直角（° ′ ″）	觇标高（m）	备注
		盘左（° ′ ″）	盘右（° ′ ″）				

距离观测：

测站至觇点	斜距读数					平距计算（m）	备注
	读数Ⅰ（m）	读数Ⅱ（m）	读数Ⅲ（m）	读数Ⅳ（m）	中数（m）		

导线观测记录手簿

观测略图

测站:________　仪器高(m):__________　观测者:________　记录者:________

观测日期:______年____月____日____时______分　仪器型号与编号:______________

水平角观测:

测回	目标点	观测读数		半测回方向（° ′ ″）		一测回方向角（° ′ ″）	各测回方向角（° ′ ″）	备注
		盘左（° ′ ″）	盘右（° ′ ″）					

垂直角观测:

测回	觇点	观测读数		指标差（″）	垂直角（° ′ ″）	觇标高（m）	备注
		盘左（° ′ ″）	盘右（° ′ ″）				

距离观测:

测站至觇点	斜距读数					平距计算（m）	备注
	读数Ⅰ(m)	读数Ⅱ(m)	读数Ⅲ(m)	读数Ⅳ(m)	中数(m)		

导线观测记录手簿

观测略图

测站:________ 仪器高(m):__________ 观测者:________ 记录者:________

观测日期:______年____月____日____时____分 仪器型号与编号:______________

水平角观测:

测回	目标点	观测读数		半测回方向(° ′ ″)		一测回方向角(° ′ ″)	各测回方向角(° ′ ″)	备注
		盘左(° ′ ″)	盘右(° ′ ″)					

垂直角观测:

测回	觇点	观测读数		指标差(″)	垂直角(° ′ ″)	觇标高(m)	备注
		盘左(° ′ ″)	盘右(° ′ ″)				

距离观测:

测站至觇点	斜距读数					平距计算(m)	备注
	读数Ⅰ(m)	读数Ⅱ(m)	读数Ⅲ(m)	读数Ⅳ(m)	中数(m)		

导线观测记录手簿

观测略图

测站：________　仪器高(m)：__________　观测者：________　记录者：________

观测日期：_____年___月___日___时___分　仪器型号与编号：____________

水平角观测：

测回	目标点	观测读数 盘左 (°　′　″)	观测读数 盘右 (°　′　″)	半测回方向 (°　′　″)		一测回方向角 (°　′　″)	各测回方向角 (°　′　″)	备注

垂直角观测：

测回	觇点	观测读数 盘左 (°　′　″)	观测读数 盘右 (°　′　″)	指标差 (″)	垂直角 (°　′　″)	觇标高 (m)	备注

距离观测：

测站至觇点	斜距读数 读数Ⅰ(m)	读数Ⅱ(m)	读数Ⅲ(m)	读数Ⅳ(m)	中数(m)	平距计算 (m)	备注

导线观测记录手簿

观测略图

测站:__________　仪器高(m):____________　观测者:_________　记录者:__________

观测日期:______年____月____日____时____分　仪器型号与编号:________________

水平角观测:

测回	目标点	观测读数		半测回方向(° ′ ″)		一测回方向角(° ′ ″)	各测回方向角(° ′ ″)	备注
		盘左(° ′ ″)	盘右(° ′ ″)					

垂直角观测:

测回	觇点	观测读数		指标差(″)	垂直角(° ′ ″)	觇标高(m)	备注
		盘左(° ′ ″)	盘右(° ′ ″)				

距离观测:

测站至觇点	斜距读数					平距计算(m)	备注
	读数Ⅰ(m)	读数Ⅱ(m)	读数Ⅲ(m)	读数Ⅳ(m)	中数(m)		

导线观测记录手簿

观测略图

测站:__________　仪器高(m):____________　观测者:_________　记录者:__________

观测日期:______年____月____日____时____分　仪器型号与编号:________________

水平角观测:

测回	目标点	观测读数 盘左 (° ′ ″)	盘右 (° ′ ″)	半测回方向 (° ′ ″)		一测回方向角 (° ′ ″)	各测回方向角 (° ′ ″)	备注

垂直角观测:

测回	觇点	观测读数 盘左 (° ′ ″)	盘右 (° ′ ″)	指标差 (″)	垂直角 (° ′ ″)	觇标高 (m)	备注

距离观测:

测站至觇点	斜距读数 读数Ⅰ(m)	读数Ⅱ(m)	读数Ⅲ(m)	读数Ⅳ(m)	中数(m)	平距计算 (m)	备注

导线观测记录手簿

观测略图

测站：＿＿＿＿　仪器高(m)：＿＿＿＿　观测者：＿＿＿＿　记录者：＿＿＿＿

观测日期：＿＿＿年＿＿月＿＿日＿＿时＿＿分　仪器型号与编号：＿＿＿＿＿＿

水平角观测：

测回	目标点	观测读数		半测回方向 (° ′ ″)		一测回方向角 (° ′ ″)	各测回方向角 (° ′ ″)	备注
		盘左 (° ′ ″)	盘右 (° ′ ″)					

垂直角观测：

测回	觇点	观测读数		指标差 (″)	垂直角 (° ′ ″)	觇标高 (m)	备注
		盘左 (° ′ ″)	盘右 (° ′ ″)				

距离观测：

测站至觇点	斜距读数					平距计算 (m)	备注
	读数Ⅰ(m)	读数Ⅱ(m)	读数Ⅲ(m)	读数Ⅳ(m)	中数(m)		

导线观测记录手簿

观测略图

测站:__________ 仪器高(m):____________ 观测者:_________ 记录者:__________

观测日期:______ 年____月____日____时____分 仪器型号与编号:________________

水平角观测:

测回	目标点	观测读数		半测回方向(° ′ ″)		一测回方向角(° ′ ″)	各测回方向角(° ′ ″)	备注
		盘左(° ′ ″)	盘右(° ′ ″)					

垂直角观测:

测回	觇点	观测读数		指标差(″)	垂直角(° ′ ″)	觇标高(m)	备注
		盘左(° ′ ″)	盘右(° ′ ″)				

距离观测:

测站至觇点	斜距读数					平距计算(m)	备注
	读数Ⅰ(m)	读数Ⅱ(m)	读数Ⅲ(m)	读数Ⅳ(m)	中数(m)		

导线观测记录手簿

观测略图

测站:__________　仪器高(m):____________　观测者:_________　记录者:__________

观测日期:______年____月____日____时____分　仪器型号与编号:________________

水平角观测:

测回	目标点	观测读数		半测回方向(° ′ ″)		一测回方向角(° ′ ″)	各测回方向角(° ′ ″)	备注
		盘左(° ′ ″)	盘右(° ′ ″)					

垂直角观测:

测回	觇点	观测读数		指标差(″)	垂直角(° ′ ″)	觇标高(m)	备注
		盘左(° ′ ″)	盘右(° ′ ″)				

距离观测:

测站至觇点	斜距读数					平距计算(m)	备注
	读数Ⅰ(m)	读数Ⅱ(m)	读数Ⅲ(m)	读数Ⅳ(m)	中数(m)		

导线观测记录手簿

观测略图

测站:________　　仪器高(m):__________　　观测者:________　　记录者:________

观测日期:____ 年____月____日____时____分　　仪器型号与编号:______________

水平角观测:

测回	目标点	观测读数 盘左 (°　′　″)	观测读数 盘右 (°　′　″)	半测回方向 (°　′　″)		一测回方向角 (°　′　″)	各测回方向角 (°　′　″)	备注

垂直角观测:

测回	觇点	观测读数 盘左 (°　′　″)	观测读数 盘右 (°　′　″)	指标差 ″	垂直角 (°　′　″)	觇标高 (m)	备注

边长测量:

测站至觇点	斜距读数 读数Ⅰ(m)	读数Ⅱ(m)	读数Ⅲ(m)	读数Ⅳ(m)	中数(m)	平距计算 (m)	备注

光电测距导线测量成果计算表

班级学号：________　组号：______　姓名：__________　观测日期：________

点号	观测角 (°　′　″)	角度改正数 (″)	改正后角度值 (°　′　″)	坐标方位角 (°　′　″)	距离 (m)	坐标增量 Δx			坐标增量 Δy			纵坐标 x(m)	横坐标 y(m)
						计算值 (m)	改正值 (mm)	改正后的值 (m)	计算值 (m)	改正值 (mm)	改正后的值 (m)		
辅助计算	$f_\beta = \sum\beta - (n-2) \times 180° =$ $f_{\beta允} = \pm 24\sqrt{n} =$				$f_x = \sum \Delta x =$ $f = \sqrt{f_x^2 + f_y^2} =$				$f_y = \sum \Delta y =$ $K = \frac{f}{\sum D} =$			$K_{允} = \frac{1}{6\ 000}$	

注：角度及改正数的计算取位至 1″，距离、坐标及相关改正数的计算取位至 1 mm。

控制点成果表

班级：　　　　　　　　组号：　　　　　　　　组长：

<table>
<tr><td>点号</td><td>X 坐标(m)</td><td>Y 坐标(m)</td><td>H 高程(m)</td><td>备注</td></tr>
<tr><td></td><td></td><td></td><td></td><td></td></tr>
<tr><td></td><td></td><td></td><td></td><td></td></tr>
<tr><td></td><td></td><td></td><td></td><td></td></tr>
<tr><td></td><td></td><td></td><td></td><td></td></tr>
<tr><td></td><td></td><td></td><td></td><td></td></tr>
<tr><td></td><td></td><td></td><td></td><td></td></tr>
<tr><td></td><td></td><td></td><td></td><td></td></tr>
<tr><td></td><td></td><td></td><td></td><td></td></tr>
<tr><td></td><td></td><td></td><td></td><td></td></tr>
<tr><td></td><td></td><td></td><td></td><td></td></tr>
<tr><td colspan="5">控制点点位示意图</td></tr>
<tr><td colspan="5"></td></tr>
</table>

三角高程测量计算表

起点	终点	往测高差(m)						返测高差(m)						平均高差(m)
		斜距(m)	垂直角(° ′ ″)	水平距离(m)	仪器高(m)	标高(m)	高差(m)	斜距(m)	垂直角(° ′ ″)	水平距离(m)	仪器高(m)	觇标高(m)	高差(m)	

附件 2

南方测绘 CASS 9.1 图形编辑所用命令快捷键

A —— 画弧(ARC)
AA —— 给实体加地物名
B —— 自由连接
C —— 画圆(CIRCLE)
COPYCLIP——从不同窗口复制局部
CP ——拷贝(COPY)
D —— 绘制电力线
DD —— 通用绘图命令
DDPTYPE——改变点形状和大小
E —— 删除(ERASE)
F —— 图形复制
FF —— 绘制多点房屋
G —— 绘制高程点
H —— 线型换向
I —— 绘制道路
J —— 复合线连接
K —— 绘制陡坎
KK —— 查询坎高
L —— 画直线(LINE)
LA —— 设置图层(LAYER)
LT ——设置线型(LINETYPE)
M —— 移动(MOVE)
N —— 批量拟合复合线
O —— 批量修改复合线高
P —— 屏幕移动(PAN)
PASTEORIG——在不同窗口粘贴
PE —— 复合线编辑(PEDIT)
PL—— 画复合线(PLINE)
PLOT——打印设置
PURGE——清理层
Q —— 直角纠正
R —— 屏幕重画(REDRAW)
REGEN——重新生成
RR —— 符号重新生成
S —— 加入实体属性

SS —— 绘制四点房屋
T —— 注记文字
TR——打断
V —— 查看实体属性
W —— 绘制围墙
WW —— 批量改变复合线宽
X —— 多功能复合线
XP —— 绘制自然斜坡
Y —— 复合线上加点
Z —— 屏幕缩放(ZOOM)
F1：获取帮助
F2：实现作图窗和文本窗口的切换
F3：控制是否实现对象自动捕捉
F4：数字化仪控制
F5：等轴测平面切换
F6：控制状态行上坐标的显示方式
F7：栅格显示模式控制
F8：正交模式控制
F9：栅格捕捉模式控制
F10：极轴模式控制
F11：对象追踪模式控制
Ctrl+A：全选
Ctrl+B：栅格捕捉模式控制(F9)
Ctrl+C：将选择的对象复制到剪切板上
Ctrl+D：开/关坐标值
Ctrl+E：确定轴测图方向
Ctrl+F：控制是否实现对象自动捕捉(F3)
Ctrl+G：栅格显示模式控制(F7)
Ctrl+H：pickstyle
Ctrl+I：空
Ctrl+J：重复执行上一步命令
Ctrl+K：超级链接
Ctrl+L：正交开/关
Ctrl+M：打开选项对话框
Ctrl+N：新建图形文件
Ctrl+O：打开图像文件
Ctrl+P：打开打印对话框
Ctrl+Q：退出
Ctrl+R：空

附件3

1:500数字地形测量实训总结(模板)

一、概述

实训目的、意义、任务、分组情况等。

(一)测区概况

测区地理位置:地形、交通、主要地物类别、植被覆盖情况、气候。

(二)资料收集及利用情况

资料情况《技术要求篇》。

二、主要作业依据与《技术要求篇》

(一)作业依据(规范、图示)

(二)技术要求

(1)坐标系统。

(2)高程系统。

(3)基本地形图:采用1:500比例尺,图幅规格为任意图幅。

(4)采用全野外数字成图。

三、作业程序和方法

(一)作业程序

(1)组织学习本测区《技术要求篇》,了解测区情况。

(2)测区控制网的分布与设计。

(3)测量任务及分工。

(4)基本功训练。

(5)图根控制点测量。

(6)进行全野外数据采集。

(7)利用CASS软件进行内业数据处理和图形编辑。

(8)成果整理提交验收。

(二)作业方法

(1)地形图采用全野外数字化测量,外业数据采集使用全野外全站仪测记法数据采集,内业配合南方CASS进行图形编辑。

(2)各等级控制点编号方法。

①三级(12″)导线点的编号前面冠以“H”表示。

②图根控制点的编号前面冠以“T”表示。

（三）作业过程

包括各作业阶段的工作内容及时间安排。

（四）设备投入

包括各仪器设备的型号、编号等状况，

所有仪器设备在使用前均进行了检校，各项指标均符合规范要求。

四、任务实施情况

（一）完成工作量

（1）施测图根导线点　　　×××点

（2）施测等外水准　　　×××km

（3）1∶500 数字地形图约　×××km^2

（二）任务实施过程

1. 图根控制测量

图根控制测量平面在三级导线点基础上采用电磁波测距导线进行加密，共布设了图根附合导线________条。数据记录用手工记簿法，所有观测数据都按照规范要求记录到手簿上作为原始数据。平差计算按照计算表手工计算，精度均符合规范要求。

图根高程控制按照等外水准精度施测，原始数据记录用手工记簿方法记录，在施测中严格按照水准规范进行，水准的平差计算手工进行，精度均符合水准规范要求。等外水准测量是在四等水准联测过点的导线点上进行的，等外水准外业观测采用 S_3 自安平水准仪，配区格式 3 m 标尺，观测前对水准仪及标尺进行了严格的检验，对水准仪的各项要求进行了校正，施测前进行了 i 角检查，原始数据记录用手工记簿方法记录，在施测中严格按照水准规范进行等。

图根点编号是在阿拉数字前冠以字母"T"。本测区共布设图根点________个，以木桩和铁钉标记。数据记录用手工记簿法，所有观测数据都按照规范要求记录到手簿上作为原始数据。其各项限差精度均符合规范要求。

2. 地形测量

本测区地形测量采用解析法实施，测图软件采用 CASS 软件进行图形编辑。

外业作业时，每个作业小组为________人，其中________人观测记录、________人施棱镜、________人画草图。小组当天外业结束以后，由绘制草图的作业员协同其他组员共同完成当日碎部点的编辑工作。

五、成果精度与质量

（一）控制测量

（1）观测手簿。包括观测测量手簿按要求整饰。观测者、记录者、日期、仪器型号、气象、仪器常数等记录齐全。是否经第一、第二检查者 100%检查，最终检查抽检 50%，半测回差、指标差之差有无超限，划改处除非计算错误外是否均都已注明原因等。

（2）图根控制测量精度情况。

(二)地形图测绘

(1)地理精度。经内、外业检查,认定各地物、地貌测绘细致、客观,表示合理,综合取舍适当;地理名称正确无误,较好地领会了设计意图,未发现大的差、错、漏现象;地物精度较佳;能较好地反映本测区地理特征和满足实际要求。

(2)数学精度。各测量小组统计数据。

(3)问题处理。在检查过程中发现个别作业员个别图幅存在差、错、漏现象,对发现的问题我们是一一落实到人,谁作业谁负责。外业问题必须到实地解决,然后交内业人员修改彻底;内业问题必须按技术设计书要求修改,做到数据属性正确。

六、技术设计的实施与问题处理

(一)技术设计的实施

进入测区之前就组织了作业员、质量检查员认真学习《技术要求篇》,大家对有关问题展开了讨论,取得了一致的认识,统一了技术标准,给实施作业打下基础。

进入测区后,作业完全按技术设计书的要求实施,特别在各级控制测量的实施过程中,严格按设计要求把好质量关,做到各级控制成果完全符合技术要求。

(二)主要问题处理

(略)

七、质量管理与检查

本测区采用从上到下层层管理的办法,整个测区有专人负责,各队由检查员负责,各小组由组长负责。

八、上交成果资料

(1)实训总结________份;

(2)水准观测手簿________张;

(3)图根导线观测手簿________张;

(4)图根导线计算手簿________张;

(5)水准路线联测略图________张;

(6)水准高程误差配赋计算表________张;

(7)图根点成果表________张;

(8)外业碎部点采集数据,图形编辑数据;

(9)检查报告;

(10)根据实际需要补充的其他数据文件、图件和文档等资料。

九、实训体会、经验与建议

(略)

附件 4　地形图图廓整饰示例

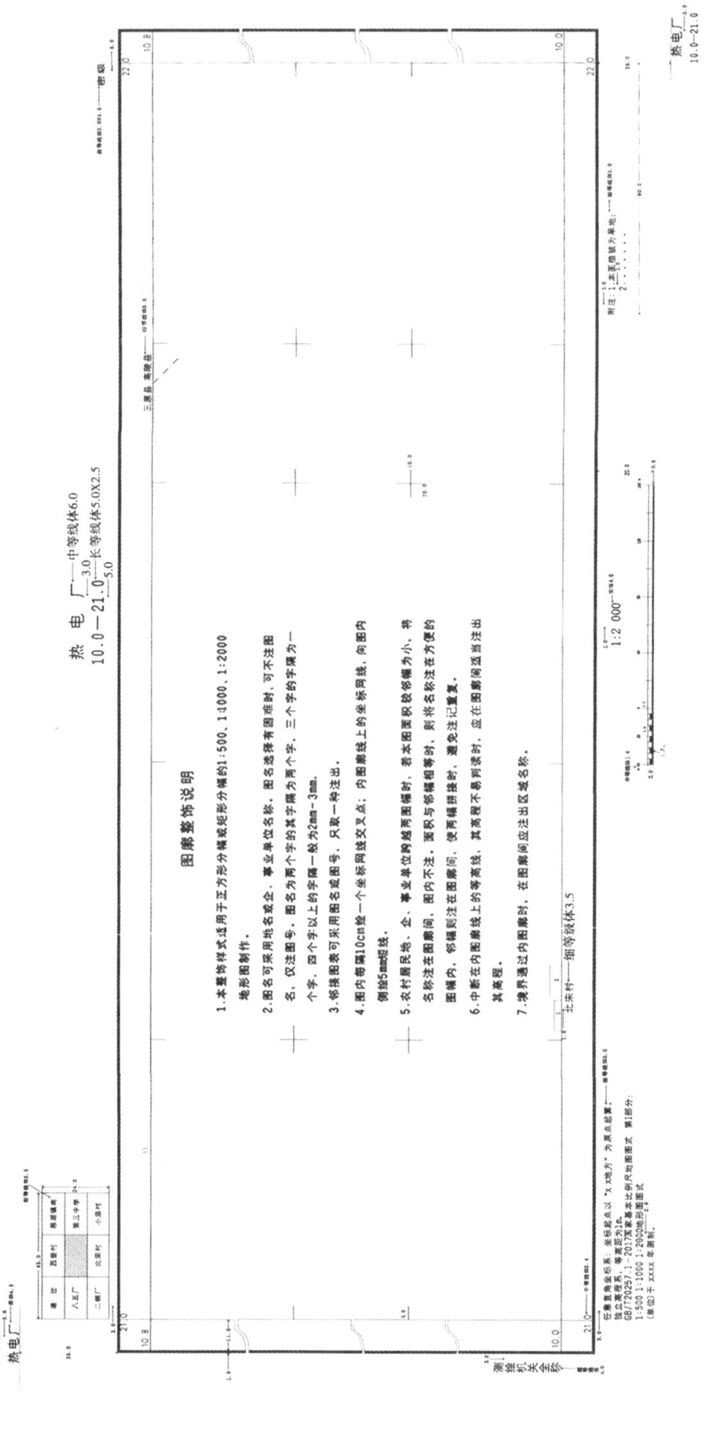

参考文献

[1] 中华人民共和国住房和城乡建设部. 城市测量规范:CJJ/T 8—2011[S]. 北京:中国建筑工业出版社,2012.

[2] 中国国家标准化管理委员会. 国家三、四等水准测量规范:GB/T 12898—2009[S]. 北京:中国标准出版社,2009.

[3] 中国国家标准化管理委员会. 1:500 1:1000 1:2000 外业数字测图规程:GB/T 14912-2017[S]. 北京:中国标准出版社,2017.

[4] 中国国家标准化管理委员会. 国家基本比例尺地图图式　第1部分:1:500 1:1000 1:2000 地形图图式:GB/T 2025 7. 1—2017[S]. 北京:中国标准出版社,2017.

[5] 中华人民共和国住房和城乡建设部. 卫星定位城市测量技术标准:CJJ/T 73—2019[S]. 北京:中国建筑工业出版社,2019.

[6] 中国国家标准化管理委员会. 全球定位系统(GPS)测量规范:GB/T 18314—2009[S]. 北京:中国标准出版社,2023.

[7] 中国国家标准化管理委员会. 测绘成果质量检查与验收:GB/T 24356—2023[S]. 北京:中国标准出版社,2023.

[8] 中国国家标准化管理委员会. 数字测绘成果质量检查与验收:GB/T 18316—2008[S]. 北京:中国标准出版社,2008.

[9] 自然资源部职业技能鉴定指导中心. 测量基础[M]. 郑州:黄河水利出版社,2019.

[10] 李宏超,周荣,陈贺. 数字地形测量[M]. 郑州:黄河水利出版社,2019.

[11] 陈贺. 基础测量技术[M]. 郑州:黄河水利出版社,2015.

[12] 益鹏举. GNSS 测量技术[M]. 郑州:黄河水利出版社,2010.

[13] 程效军,鲍峰,顾孝烈. 测量学[M]. 5 版. 上海:同济大学出版社,2016.

[14] 邓念武. 测量学[M]. 3 版. 北京:中国电力出版社,2019.

[15] 李文天. 现代测量学[M]. 北京:科学出版社,2019.

[16] 马驰,鲁纯. 测量学基础[M]. 武汉:武汉大学出版社,2017.

[17] 潘正风,程效军,成枢,等. 数字地形测量学[M]. 武汉:武汉大学出版社,2015.

[18] 翟翊,赵夫来,杨玉海,等. 现代测量学[M]. 2 版. 北京:测绘出版社,2016.

[19] 王正荣,邹时林. 数字测图[M]. 郑州:黄河水利出版社,2012.

[20] 纪勇. 数字测图技术[M]. 郑州:黄河水利出版社,2008.

数 字 地 形 测 量 实 训

成 果 记 录 页

数 字 地 形 测 量 实 训

成 果 记 录 页

数 字 地 形 测 量 实 训

成 果 记 录 页

数 字 地 形 测 量 实 训

成 果 记 录 页

数字地形测量实训

成果记录页

数字地形测量实训

成果记录页

数字地形测量实训

成果记录页

数 字 地 形 测 量 实 训

成 果 记 录 页

数 字 地 形 测 量 实 训

成 果 记 录 页

数 字 地 形 测 量 实 训

成 果 记 录 页

数 字 地 形 测 量 实 训

成 果 记 录 页

数字地形测量实训

成果记录页

数 字 地 形 测 量 实 训

成 果 记 录 页

数字地形测量实训

成果记录页

数字地形测量实训

成果记录页

数 字 地 形 测 量 实 训

成 果 记 录 页

数字地形测量实训

成果记录页

数 字 地 形 测 量 实 训

成 果 记 录 页

数字地形测量实训

成果记录页

数 字 地 形 测 量 实 训

成 果 记 录 页

数字地形测量实训

成果记录页

数字地形测量实训

成果记录页

数字地形测量实训

成果记录页

数字地形测量实训

成果记录页

数字地形测量实训

成果记录页

数字地形测量实训

成果记录页

数 字 地 形 测 量 实 训

成 果 记 录 页

数 字 地 形 测 量 实 训

成 果 记 录 页

数 字 地 形 测 量 实 训

成 果 记 录 页

数字地形测量实训

成果记录页

数 字 地 形 测 量 实 训

成 果 记 录 页

数 字 地 形 测 量 实 训

成 果 记 录 页